Manish Kumar Sinha
Ishtiyaq Ahmad
Mukesh Kumar Verma

Avaliação da vulnerabilidade das águas subterrâneas através do modelo DRASTIC

Manish Kumar Sinha
Ishtiyaq Ahmad
Mukesh Kumar Verma

Avaliação da vulnerabilidade das águas subterrâneas através do modelo DRASTIC

Uma aplicação do SIG na gestão das águas subterrâneas

ScienciaScripts

Imprint

Any brand names and product names mentioned in this book are subject to trademark, brand or patent protection and are trademarks or registered trademarks of their respective holders. The use of brand names, product names, common names, trade names, product descriptions etc. even without a particular marking in this work is in no way to be construed to mean that such names may be regarded as unrestricted in respect of trademark and brand protection legislation and could thus be used by anyone.

Cover image: www.ingimage.com

This book is a translation from the original published under ISBN 978-3-659-81261-3.

Publisher:
Sciencia Scripts
is a trademark of
Dodo Books Indian Ocean Ltd. and OmniScriptum S.R.L publishing group

120 High Road, East Finchley, London, N2 9ED, United Kingdom
Str. Armeneasca 28/1, office 1, Chisinau MD-2012, Republic of Moldova, Europe
Printed at: see last page
ISBN: 978-620-8-14791-4

Prefácio

[st]A crescente consciencialização para a questão da água na Índia Central e a perspetiva de crises hídricas emergentes durante a primeira década do século XXI levaram a uma preocupação crescente com a utilização sustentável dos recursos hídricos. Uma vez que as províncias centrais da Índia se estendem por zonas áridas e semi-áridas, as águas subterrâneas constituem a principal fonte de abastecimento de água. A proteção deste recurso é indispensável para garantir um desenvolvimento sustentável.

O objetivo deste livro é fornecer uma abordagem madura para a avaliação da vulnerabilidade das águas subterrâneas em ambiente SIG que permita as ferramentas e técnicas adequadas para perspectivas interdisciplinares de uma melhor gestão dos sistemas de recursos hídricos. Existem muitas abordagens para avaliar a vulnerabilidade das águas subterrâneas à contaminação. A escolha de uma abordagem específica é muito difícil e há muita subjetividade nos modelos/métodos. Este livro aborda apenas a vulnerabilidade intrínseca das águas subterrâneas utilizando o modelo DRASTIC. A utilização deste modelo e a normalização do índice estão claramente associadas neste livro. O Capítulo 1 do livro é dedicado a um tratamento completo dos conceitos básicos de vulnerabilidade de aquíferos/águas subterrâneas e base de dados SIG. No capítulo 2 é feita uma revisão detalhada da literatura. O capítulo 3 trata da área de estudo deste livro. Para aumentar a utilidade do livro, o capítulo 4 trata da metodologia aplicada na análise da vulnerabilidade das águas subterrâneas para a fusão do SIG e da abordagem DRASTIC baseada na terminologia do software para facilitar a compreensão e estimular o interesse do leitor. Os restantes capítulos 5 e 6 foram dedicados à validação dos resultados e à discussão das conclusões.

Este livro é um fac-símile do meu trabalho de investigação de mestrado no NIT Raipur. Estou grato aos meus colegas do Departamento de Engenharia Civil do NIT Raipur por me terem orientado, por terem estimulado as discussões e pelo encorajamento. Várias pessoas contribuíram, direta ou indiretamente, para a redação deste texto. Estou grato a todas elas.

Agradeceria muito as críticas, as sugestões de melhoria e a deteção de erros dos meus leitores, que serão reconhecidas com gratidão.

Manish Kumar Sinha

ÍNDICE

Resumo

O sistema de informação geográfica (SIG) tornou-se uma das principais ferramentas no domínio da ciência hidrogeológica, ajudando a avaliar, monitorizar e conservar os recursos hídricos subterrâneos. As águas subterrâneas são um recurso finito, que está a ser sobreexplorado devido ao aumento da procura ao longo dos anos, o que leva à diminuição da sua potencialidade. No presente estudo, o modelo DRASTIC foi utilizado para preparar a zona vulnerável das águas subterrâneas da sub-bacia de Kharun. O principal objetivo deste estudo é determinar a zona suscetível à poluição das águas subterrâneas através da integração de camadas hidrogeológicas no ambiente SIG. As camadas como a profundidade do aquífero, a recarga líquida, o rendimento do aquífero, o tipo de solo, a topografia, a zona vadosa e a condutividade hidráulica são incorporadas no modelo DRASTIC.

O resultado final do mapa mostra que o valor do índice DRASTIC varia de 65 a 151, dependendo do intervalo de valor igual do índice, as zonas são divididas em quatro classes "Zona vulnerável baixa" para o valor do índice de 65 - 87, "zona vulnerável moderada" para o valor do índice de 88 - 108, "zona vulnerável alta" para o valor do índice de 109 - 130, e "zona vulnerável muito alta" para o valor do índice de 131 - 151. Cerca de 82% da área está abrangida pela zona de risco baixo e moderado de poluição. As zonas mais susceptíveis de contaminação são o bloco Tilda (lado norte), a parte central da área de estudo (no rio Kharun) perto do bloco Kurud, o bloco Dharsiwa, o bloco Dhamdha, o bloco Dhamtari e o bloco Balod.

Este estudo produz uma ferramenta muito valiosa para os decisores políticos, uma vez que revela uma indicação muito abrangente da vulnerabilidade à contaminação das águas subterrâneas. O conhecimento da zona de elevada vulnerabilidade é importante para as autoridades locais gerirem e monitorizarem os recursos hídricos subterrâneos.

LISTA DE ABREVIATURAS

Abbreviation	Description
AVI	Aquifer Vulnerability Index
CCOST	Chhattisgarh Council of science and technology
C.G.	Chhattisgarh
CGWB	Central Ground Water Board
DEM	Digital Elevation Model
DI	DRASTIC INDEX
DRASTIC	Depth to water table, net Recharge, Aquifer media, Soil media, Topography, Impact of vadose zone, and hydraulic Conductivity
GALDIT	Groundwater occurrence, Aquifer hydraulic conductivity, depth to groundwater Level above sea, Distance from the shore, Impact of existing status of seawater intrusion in the area, Thickness of aquifer.
GIS	Geographical Information System
GLEAMS	Groundwater Loading Effects of Agricultural Management System
GOD	Groundwater occurrence, Overlying lithology and Depth to water table
GPS	Global Positioning System
IDW	Inverse Distance Weight Interpolation
LEACHP	Leaching Estimation and Chemis- try Model
MSW	Municipal Solid Waste
PHE	Public Health Engineering Department
PRZM	Pesticide Root Zone Model
Ri	Relative rate
SUTRA	Saturated-Unsaturated TRAnsport
TDS	Total Dissolved solids
UTM	Universal Transverse Mercator Projection
WHO	World Health Organisation
WGS	World Geographic system
Wi	Relative weight

CAPÍTULO 1

1.1 GERAL

A água é a origem da vida. Hoje em dia, muitos programas espaciais têm como objetivo procurar água noutros mundos para encontrar organismos vivos. Isto significa que há uma probabilidade de existência de vida. Consequentemente, o ponto de partida da vida é a água, que é uma das substâncias vitais de que todos os seres vivos necessitam desde o nascimento até ao fim da sua vida. Os problemas que se colocam em função da água podem ser examinados sob os aspectos da qualidade e da quantidade. Se for necessário dar um exemplo de problema relacionado com a quantidade de água, a resposta é a população que sofre com a falta de água nas zonas áridas. A qualidade da água pode ser determinada medindo as quantidades de substâncias que se encontram dissolvidas na água. Para proteger a saúde humana, estes materiais nocivos devem estar abaixo do limite. Por isso, é importante saber como obter água com a qualidade necessária. Neste estudo, a passagem da água da superfície para a subsuperfície será avaliada através da janela da qualidade.

A água subterrânea é um dos recursos hídricos mais importantes da Terra. A água subterrânea é a água localizada abaixo da superfície da terra nos espaços porosos do solo e nas fracturas das formações rochosas. Uma unidade de rocha ou um depósito não consolidado é designado por aquífero quando pode produzir uma quantidade utilizável de água. A profundidade até à qual os espaços porosos do solo ou as fracturas ficam completamente saturados de água é designada por lençol freático. Naturalmente, a água subterrânea é recarregada pela precipitação. É recarregada através do processo de infiltração, a água infiltrada, depois de satisfazer a deficiência de humidade do solo, percola profundamente e torna-se água subterrânea. A água subterrânea é também frequentemente retirada para uso agrícola, municipal e industrial através da construção e exploração de poços de extração. O estudo da distribuição e do movimento das águas subterrâneas é a hidrogeologia, também designada por hidrologia das águas subterrâneas.

A água subterrânea é um recurso natural na maioria dos países, particularmente nos que se situam em zonas áridas e semi-áridas. Devido à sua relativamente baixa suscetibilidade à poluição em comparação com as águas superficiais (Jamrah et al., 2008), é a fonte de água doce disponível para todo o desenvolvimento socioeconómico. Mas a existência de águas subterrâneas está sob grande pressão de degradação, tanto em termos de qualidade como de quantidade. O aumento da população, a falta de sensibilização das pessoas e a gestão incorrecta deste valioso recurso conduzem ao esgotamento do potencial e à deterioração da qualidade. Por conseguinte, é muito importante ter uma compreensão adequada do sistema aquífero e das caraterísticas hidrogeológicas da área para o desenvolvimento e a exploração segura das águas subterrâneas.

Devido ao desenvolvimento da civilização, o consumo de água aumenta rapidamente. A poluição aumenta principalmente devido à atividade agrícola, à indústria da madeira, à limpeza a seco, ao fabrico de pesticidas, à eliminação de esgotos, à exploração de petróleo e gás e, especialmente, na região das minas de carvão (Foster et al., 2002).

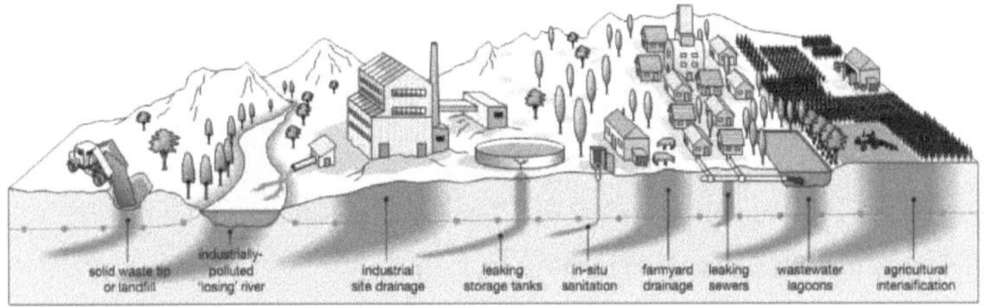

Fonte: Fontes comuns de poluição das águas subterrâneas (Foster et al., 2002)

Fig. 1.1: Fontes comuns de poluição das águas subterrâneas

Em geral, na sub-bacia do Kharun e, em particular, nos distritos de Raipur e Durg, as águas subterrâneas são uma fonte muito importante para o abastecimento de água e o desenvolvimento. A qualidade das águas subterrâneas desempenha um papel importante na sua adequação a várias utilizações. Por conseguinte, é necessário proteger a qualidade da água contra a ameaça crescente de contaminação do subsolo.

Além disso, a qualidade das águas subterrâneas está geralmente sujeita a um potencial considerável de contaminação, especialmente na agricultura, bem como nas áreas urbanas dominadas por actividades intensas que envolvem a utilização de fertilizantes e pesticidas (Thapinta e Hudak, 2003). É necessária uma estratégia e orientações definidas que se centrem numa parte específica da gestão das águas subterrâneas, ou seja, a proteção das águas subterrâneas contra a contaminação. Por conseguinte, a monitorização da qualidade da água é importante e necessária para a gestão eficaz das águas subterrâneas.

1.2 SISTEMA DE INFORMAÇÃO GEOGRÁFICA (GIS)

Os sistemas de informação geográfica oferecem ferramentas poderosas para a recolha, armazenamento, análise, gestão e visualização de informações vitais através de mapas. Integra hardware, software e dados para a captura, gestão, análise e visualização de todas as formas de informação geograficamente referenciada. Armazena informações sobre o mundo como uma coleção de camadas temáticas que podem ser ligadas entre si geograficamente. Este conceito simples, mas extremamente poderoso e versátil, revelou-se inestimável para a resolução de muitos problemas do mundo real. A maior complexidade dos principais problemas da bacia hidrográfica é a informação defeituosa, a incerteza e a falta de dados temporais; estas são uma das principais razões para a falta de uma componente de composição completa quando utilizada em modelos causais. Nesta condição, a atitude sistemática sobre a composição das medições é que a variável na categoria está relacionada com este problema no domínio espácio-temporal e a utilização do SIG no desenvolvimento e análise dos dados brutos com a aplicação da técnica adequada para estimar o processo de uma inter-relação desconhecida de entrada e saída.

No estudo, foi utilizado o software ArcGIS® 9.2 para a distribuição espacial dos dados iniciais, que, em alternativa, podem ser aplicados a várias técnicas de correlação para a criação de uma base de dados espaciais. Isto inclui mapas de pontos relacionados com a estação pluviométrica e a localização de poços, incluindo linhas e polígonos para diferentes geologias e litologias, bem como a área da bacia e a área irrigada de vários mapas.

1.2.1 ESTRUTURA DA BASE DE DADOS GEO-ESPACIAL

A conceção do SIG envolve a organização da informação geográfica numa série de temas de dados como camadas que podem ser integradas utilizando a localização geográfica. Faz sentido que a conceção de bases de dados geo-espaciais comece por identificar os temas de dados a utilizar e, em seguida, especificar o conteúdo e a representação de cada camada temática.

1.3 OBJECTIVO E ÂMBITO DO ESTUDO

O objetivo deste estudo é a avaliação da vulnerabilidade que permitirá avaliar sistematicamente o potencial de poluição das águas subterrâneas com a informação existente na sub-bacia de Kharun. O potencial de poluição é uma combinação de factores hidrogeológicos, influências antropogénicas e fontes de contaminação numa determinada área. Esta metodologia foi concebida para incluir apenas os factores hidrogeológicos que influenciam o potencial de poluição. O objetivo do estudo é:

> Fornecer uma visão geral da atual qualidade das águas subterrâneas.

> Cartografia da zona vulnerável das águas subterrâneas como mapa do índice DRASTIC utilizando SIG.

> Mostrar como um SIG pode ser utilizado como uma ferramenta poderosa para a validação dos resultados e para uma abordagem crítica da análise.

1.4 PRÓLOGO

O estudo é apresentado no seguinte formato:

> CAPÍTULO II : apresenta a revisão da literatura.

> CAPÍTULO III: apresenta a descrição da área de estudo.

> CAPÍTULO IV: apresenta a geração de camadas e a metodologia adoptada.

> CAPÍTULO V : apresenta os resultados e a discussão.

> CAPÍTULO VI: apresenta a conclusão sobre o resultado.

> REFERÊNCIAS.

CAPÍTULO 2

2.1 GERAL

Este capítulo trata de uma breve revisão relacionada com o estado geral ou condição das águas subterrâneas, fontes de contaminação das águas subterrâneas, necessidade de avaliação da vulnerabilidade das águas subterrâneas e cartografia. Dá uma breve informação sobre a metodologia adoptada para a avaliação da qualidade das águas subterrâneas.

Várias literaturas e dados foram recolhidos e revistos tendo em conta a perspetiva e os requisitos do estudo. Como o estudo se centra principalmente na avaliação da qualidade das águas subterrâneas e no mapeamento da qualidade das águas subterrâneas como vulnerabilidade da sub-bacia de Kharun, foram utilizadas as toposheets do Survey of India, informações relacionadas com a piezometria, bem como localizações de poços escavados, localizações de blocos e treze números de toposheets de escala 1:50.000 para a geração da base de dados do estudo.

2.2 REVISÃO DE LITERATURA

A Índia é um grande país que suporta cerca de 1/6th da população mundial, 1750th da terra mundial e 1725th dos recursos hídricos mundiais (Water management forum, 2003). Nas últimas décadas, registou-se um enorme aumento da procura de água doce devido ao rápido crescimento da população e ao ritmo acelerado da industrialização. Na Índia, a maioria da população depende das águas subterrâneas como única fonte de abastecimento de água potável (NIUA, 2005). A sua disponibilidade com boa qualidade e quantidade adequada é muito importante para a vida humana e outras actividades. A qualidade da água é uma preocupação vital para a humanidade, uma vez que está diretamente ligada ao bem-estar humano (P. Balakrishnan et al., 2011). As águas subterrâneas podem ficar contaminadas naturalmente ou devido a numerosos tipos de actividades humanas; as actividades residenciais, municipais, comerciais, industriais e agrícolas podem afetar a qualidade das águas subterrâneas. As fontes comuns de poluição das águas subterrâneas provenientes da indústria são os tanques de armazenamento subterrâneos e de superfície, as condutas de efluentes, os esgotos/colectores industriais, os poços de injeção de resíduos, as áreas de armazenamento de produtos químicos a granel, os efluentes líquidos e as lagoas de processo, os locais de eliminação de resíduos sólidos de processo, etc. Infelizmente, a utilização indiscriminada de agroquímicos, a gestão inadequada dos esgotos, o planeamento inadequado dos recursos hídricos, a falta de sensibilização para a água e a não aplicação das medidas desejadas criaram um cenário alarmante de escassez de água doce na Índia. Foi identificada uma grande variedade de materiais como contaminantes das águas subterrâneas. Estes incluem produtos químicos orgânicos sintéticos, hidrocarbonetos, catiões inorgânicos, aniões inorgânicos, agentes patogénicos e radionuclídeos. De acordo com a Organização Mundial de Saúde, cerca de 80% de todas as doenças dos seres humanos são transmitidas pela água. Além disso, as águas subterrâneas e os poluentes que podem transportar deslocam-se a uma velocidade muito baixa, pelo que pode ser necessário um longo período para que os contaminantes se afastem da fonte de poluição e a degradação da qualidade das águas subterrâneas pode permanecer imprevisível durante anos. Uma vez que a água subterrânea esteja contaminada, a sua qualidade não pode ser restaurada através da eliminação dos poluentes das fontes. Torna-se, portanto, imperativo monitorizar regularmente a qualidade das águas subterrâneas e formular formas e meios de as proteger. É necessária uma estratégia e orientações definidas para todos os países, que se concentrem numa parte específica da gestão das águas subterrâneas, nomeadamente a proteção das águas subterrâneas contra a contaminação e a gestão dos recursos hídricos subterrâneos a partir do solo.

As abordagens de cartografia da vulnerabilidade baseadas em sobreposições e índices evoluíram consideravelmente desde a sua criação no início dos anos 80, através da utilização de esquemas de classificação e ponderação e da utilização da tecnologia SIG. Um bom exemplo deste método é o modelo DRASTIC desenvolvido por Aller et al. (1987). Este modelo foi originalmente desenvolvido para a sobreposição manual de camadas de dados qualitativos e quantitativos (tais como a profundidade do lençol freático, a recarga líquida, o meio aquífero, o meio do solo, a topografia, o impacto da zona vadosa e a condutividade hidráulica) e para a atribuição de taxas a parâmetros individuais de acordo com a sua natureza de contaminação. Recentemente, verificou-se que a tecnologia GIS é uma ferramenta muito poderosa para preparar a base de dados espaciais GIS e analisar os parâmetros das camadas DRASTIC. O modelo DRASTIC foi validado com sucesso para a ocorrência de um contaminante específico, como pesticidas e nitratos, no sistema de águas subterrâneas (De Paz J. M. e Ramos C., 2002).

Secunda et al. (1998) utilizaram o modelo DRASTIC para avaliar a vulnerabilidade das águas subterrâneas em Israel. A metodologia utilizou dados substanciais sobre a utilização de terrenos agrícolas e meios empíricos para caraterizar a vulnerabilidade dos aquíferos.

Al-Adamat et al. (2003) também produziram mapas de vulnerabilidade e risco das águas subterrâneas para a bacia do Azraq utilizando o modelo DRASTIC juntamente com SIG e deteção remota. Estes mapas foram concebidos para localizar áreas com um potencial significativo de contaminação das águas subterrâneas com base nas suas condições hidrogeológicas e nos impactos humanos.

Lowe et al. (2003) aplicaram um método DRASTIC semelhante aos dados existentes para produzir mapas de sensibilidade e vulnerabilidade aos pesticidas utilizando métodos SIG para os EUA. A configuração hidro-geológica da condutividade hidráulica do solo, o comportamento dos pesticidas, o impacto dos pesticidas e a profundidade das águas subterrâneas foram os principais factores utilizados para determinar a sensibilidade das águas subterrâneas aos pesticidas. O estudo mostra que, devido à aplicação superficial de pesticidas nas terras irrigadas, o lençol freático mais próximo tem um maior potencial de degradação da qualidade da água.

Babiker et al. (2004) também utilizaram um modelo DRASTIC integrado no SIG para avaliar a vulnerabilidade do aquífero Kakamigahara no Japão Central. Os parâmetros utilizados no seu trabalho para desenvolver o mapa de vulnerabilidade são a profundidade do lençol freático, a recarga líquida, o meio do solo, a topografia, o meio da zona vadosa e a condutividade hidráulica, tendo a recarga líquida revelado um elevado impacto na vulnerabilidade do aquífero. O mapa de vulnerabilidade integrado mostra um risco elevado na zona de cultivo de vegetais, que é a parte oriental do aquífero Kakamigahara.

Dixon, (2005) também desenvolveu mapas semelhantes de vulnerabilidade das águas subterrâneas utilizando o modelo DRASTIC, juntamente com a utilização de três parâmetros recentemente desenvolvidos: utilização do solo, pesticidas e informação sobre a estrutura do solo. O mapa de sensibilidade/vulnerabilidade das águas subterrâneas foi gerado utilizando SIG, GPS, deteção remota e métodos baseados em regras difusas. Observou-se que estes três novos parâmetros podiam comparar-se bem com o índice DRASTIC modificado (Al-Adamat et al., 2003) e com os dados de qualidade da água no terreno.

Na Índia, Rashid Umar e Izrar Ahmed (2009) apresentam o seu trabalho sobre o mapeamento de zonas vulneráveis às águas subterrâneas utilizando a abordagem DRASTIC modificada de um aquífero aluvial em partes da planície central de Ganga, a oeste de Uttar Pradesh. Os mapas são elaborados em plataformas SIG e a modificação consiste na introdução de um mapa de utilização dos solos juntamente com o modelo DRASTIC, que é apresentado como DRASTIC-LU. As zonas de vulnerabilidade são designadas por zonas de vulnerabilidade baixa, média, alta e muito alta. O mapa do potencial de vulnerabilidade das águas subterrâneas mostra que a maior parte da área é coberta por uma zona de vulnerabilidade alta a muito alta, seguida por zonas de vulnerabilidade média e baixa.

2.3 AVALIAÇÃO DA VULNERABILIDADE

2.3.1 Vulnerabilidade:

A introdução de potenciais contaminantes num local no topo de um aquífero, numa posição específica de um sistema subterrâneo, é definida como vulnerabilidade da água subterrânea (National Research Council, 1993). Como pode ser entendido a partir da definição acima, a vulnerabilidade das águas subterrâneas não é uma propriedade absoluta ou mensurável, mas uma indicação da possibilidade relativa de ocorrência de contaminação dos recursos hídricos subterrâneos. Este entendimento implica um conceito de vulnerabilidade muito básico: todas as águas subterrâneas são vulneráveis. O conceito de vulnerabilidade das águas subterrâneas à contaminação foi introduzido na década de 1960 em França por J. Margat, 1986 *"Groundwater Vulnerability to Contamination"*. A importância da avaliação da vulnerabilidade das águas subterrâneas à contaminação resulta do facto de a monitorização das águas subterrâneas ser morosa e demasiado dispendiosa para definir adequadamente a extensão geográfica da contaminação à escala regional. Assim, a análise e identificação da distribuição espacial das várias áreas vulneráveis à contaminação é bastante importante. Os mapas de vulnerabilidade são ferramentas úteis para a afetação dos recursos limitados de monitorização às áreas onde são mais necessários (Thapinta e Hudak, 2003).

Existem dois tipos principais de avaliação da vulnerabilidade: intrínseca e específica. A vulnerabilidade intrínseca trata das possibilidades de poluição sem considerar um poluente específico. A vulnerabilidade específica significa que a vulnerabilidade se refere a um contaminante específico de interesse. Foram introduzidos vários métodos para estimar a vulnerabilidade das águas subterrâneas com elevada precisão. Na maioria dos casos, estes procedimentos consistem em ferramentas analíticas para a contaminação das águas subterrâneas com actividades terrestres. Existem três categorias de processos e procedimentos de avaliação:

(i) Modelos de simulação baseados em processos

(ii) Métodos estatísticos e

(iii) Métodos de sobreposição e de índice.

2.3.2 Métodos de avaliação da vulnerabilidade

A) Modelos de simulação baseados em processos: Os modelos de simulação baseados em processos incorporam muitos dos processos físicos e por vezes químicos que prevêem as possibilidades e o transporte de contaminantes nas zonas não saturadas e saturadas. Estes modelos são únicos em relação a todos os outros métodos porque prevêem o transporte de contaminantes tanto no espaço como no tempo. Normalmente, os modelos baseados em processos têm sido desenvolvidos e aplicados principalmente por investigadores. Estes modelos requerem uma enorme base de dados, pelo que o processo é complexo por natureza. Podem utilizar os métodos de transporte de soluto juntamente com diferentes modelos de reação química que podem descrever a dinâmica que um poluente pode sofrer. Exemplos de tais modelos incluem SUTRA, PRZM, LEACHP e GLEAMS. Vários autores combinaram o SIG com modelos baseados em processos. (De Paz J. M. e Ramos C., 2002) associaram o SIG ao modelo GLEAMS para facilitar a avaliação da lixiviação de nitratos e a zonagem das zonas de risco de poluição por nitratos à escala regional.

B) Métodos estatísticos: Os métodos estatísticos podem ser utilizados para calcular, determinar, avaliar e quantificar a relação entre as medidas de vulnerabilidade e vários parâmetros que parecem estar altamente relacionados com a vulnerabilidade. Os métodos estatísticos baseiam-se no conceito de aleatoriedade que é descrito em termos de distribuições de probabilidade para as diferentes variáveis de interesse. O método estatístico relaciona a probabilidade de um potencial contaminante exceder um limiar com um conjunto de possíveis variáveis de influência. O conceito de abordagem estatística é flexível, uma vez que pode lidar com conjuntos de dados qualitativos, quantitativos e também mistos. Exemplos de métodos estatísticos incluem a análise de regressão simples e múltipla para variáveis simples e multivariadas e a análise de variância. Uma possível aplicação de técnicas estatísticas nas avaliações da vulnerabilidade das águas subterrâneas inclui a estimativa da probabilidade de um poluente contaminar o aquífero subjacente.

C) Métodos de sobreposição e de índice: Os métodos de sobreposição e de índice baseiam-se na combinação e sobreposição de mapas de diferentes atributos de camadas temáticas, atribuindo uma classificação e um peso a cada atributo (National Research Council., 1993). Um mapa de vulnerabilidade das águas subterrâneas do tipo overlay é preparado através da sobreposição de uma série de mapas e da visualização das distribuições dos atributos considerados importantes na caraterização do potencial de contaminação das águas subterrâneas. Em geral, obtém-se um único mapa que representa áreas de vulnerabilidade diferentes, designadas por um valor de índice, padrão e cor.

São derivados mapas de índices qualitativos que reúnem os principais factores que se acredita determinarem os processos de transporte de poluentes. Assim, os métodos de sobreposição e de índice baseados em modelos de mapeamento da vulnerabilidade das águas subterrâneas integram essencialmente classificações e atributos de factores importantes (nomeadamente, profundidade do lençol freático, taxas de recarga líquidas, propriedades do solo e do aquífero, topografia da área) que controlam o transporte de poluentes de uma superfície do solo para um aquífero. Exemplos populares deste tipo de métodos são o índice DRASTIC (Aller et al., 1987). Nesta tese, ao considerar a disponibilidade de dados, os métodos baseados em sobreposição e em índices são revistos devido a muitas vantagens, tais como a representação dos mapas de avaliação da vulnerabilidade e a possibilidade de estimar os dados necessários com base em algumas experiências. Os métodos baseados em índices são mais adequados para produzir ferramentas de rastreio à escala regional para utilização na tomada de decisões e para dar prioridade às áreas de incidência e ao nível de avaliação dos sítios (Liggett e Talwar, 2009).

Foram propostas várias abordagens para a criação de mapas de avaliação da vulnerabilidade dos aquíferos, tais como DRASTIC (Aller et al., 1987), GOD (Foster et al., 2002), AVI e A avaliação da vulnerabilidade dos aquíferos à intrusão de água salgada foi efectuada no distrito de Bhavnagar, Gujarat, utilizando o índice GALDIT (Mitra, 2005).

2.4 MODELO DRÁSTICO

Nos EUA, o método DRASTIC foi desenvolvido como um meio de criar um índice para classificar os sítios (área) em termos da sua vulnerabilidade à contaminação. O objetivo deste estudo é a elaboração de um mapa de vulnerabilidade das águas subterrâneas. O modelo DRASTIC é composto por sete parâmetros hidrogeológicos que ajudam a definir o regime das águas subterrâneas e a sua vulnerabilidade à poluição. O modelo DRASTIC é um sistema padrão para avaliar o potencial de poluição das águas subterrâneas utilizando o contexto hidrogeológico. Os sete parâmetros temáticos são:

D-Profundidade do aquífero,

R- Recarga líquida,

A-Meios **aquíferos**,

S-Soil media,

T-Topografia (declive),

I-Impacto da zona vadosa, e

C -Condutividade   hidráulica de um aquífero,

Gerado no ambiente do Sistema de Informação Geográfica (GIS). A cada parâmetro foi atribuído um peso diferente e um valor de classificação sobre o seu comportamento relativo relativamente à poluição das águas subterrâneas e o seu valor de classificação varia de 1 a 10 (Aller et al., 1987). A aplicação do SIG na abordagem DRASTIC torna o trabalho muito fácil e dá resultados mais fiáveis em termos de precisão. Foi adoptada uma abordagem para determinar a zona vulnerável à poluição das águas subterrâneas na área através da aplicação do modelo DRASTIC no ambiente SIG. A utilização do modelo DRASTIC foi iniciada em França no final da década de 1960 para desenvolver a sensibilização para a contaminação das águas subterrâneas. O objetivo deste modelo é delinear as zonas mais propensas à contaminação por actividades antropogénicas. Foi desenvolvido pela Agência de Proteção Ambiental dos EUA para todo o território dos EUA (Aller et al., 1987). Muitos investigadores utilizaram este conceito no domínio das águas subterrâneas para avaliar a vulnerabilidade dos aquíferos (Rao et al., 1997; Rupert, 2001; Saro, 2003; Al-Adamat et al., 2003; Babikeri et al., 2004; Rahman, 2008).

CAPÍTULO 3

ÁREA DE ESTUDO

3.1 GERAL

Devido ao rápido aumento da procura de água urbana, industrial e agrícola em Raipur e Durg, a avaliação da vulnerabilidade dos aquíferos e da qualidade das águas subterrâneas com a maior precisão possível é de importância fundamental para o planeamento da utilização dos recursos com base em considerações científicas e económicas. Ambas as grandes cidades de Chhattisgarh contribuem para a maior parte da sub-bacia do Kharun. O rio Kharun é um dos principais afluentes do rio Seonath, que é um afluente do rio Mahanadi. A sub-bacia do Kharun abrange os três distritos de Chhattisgarh indicados no quadro 3.1.

Tabela 3.1: Cobertura dos distritos na área de estudo

Distrito	Área (em km2)	Percentagem da superfície total
Dhamtari	510	12.17
Durg	1980	47.24
Raipur	1701	40.58
Área total	**4191**	

3.2 ANTECEDENTES

O Estado de Chhattisgarh tem uma área geográfica de cerca de 1 35 097 km2 e cinco bacias hidrográficas, nomeadamente Brahmani, Ganga, Godavari, Mahanadi e Narmada, como se pode ver na figura 3.2. O rio Seonath nasce no distrito de Rajnandgaon, na zona de Panabaras, e corre para norte, recebendo as águas de Tandula, Palhra e Amner. A bacia do rio Seonath está situada entre 20^0 16' N e 22^0 41' N de latitude e 80^0 25' E e 82^0 35' E de longitude. A área total da bacia hidrográfica do Seonath é de 30 761 km2 e a maior parte da área situa-se em Chhattisgarh (30523 km2), como se pode ver no Quadro 3.2, e uma área muito pequena situa-se em Maharashtra (238 km2). O comprimento total do rio é de 290 km. O declive geral da bacia é abrangido pelo declive do rio Mahanadi e está orientado para norte e nordeste e, nalguns locais, para leste. A bacia hidrográfica do rio Seonath está dividida em 16 bacias hidrográficas: Kharun, Jamunia, Khorsi, Lilagal, Arpa, Maniyari, Sakari, Karua, Dotua, Surhi, Amner, Sukha-Gamriya, Dalekasa, Kharkhara, Tandula e Seonath principal. O rio Kharun, que corre em Raipur, é um dos principais afluentes do Seonath.

Quadro 3.2: Área de captação da bacia em Chhattisgarh

Bacia	Área de captação (em km2)	Percentagem da superfície total
Mahanadi	75858.45	56.2
Godavari	38694.02	28.6

15

Ganga	18406.65	13.6
Brahmani	1394.55	1.0
Narmada	743.88	0.6
Área total	**1,35,097**	

3.3 LOCALIZAÇÃO

A sub-bacia de Kharun situa-se na bacia de Seonath da bem conhecida bacia do rio Mahanadi em Chhattisgarh, respetivamente. Toda a área de estudo da sub-bacia de Kharun está situada no Estado de Chhattisgarh. O rio Kharun é um dos principais afluentes do rio Seonath, que nasce na aldeia de Petechua, no bloco de Balod, a sudeste do distrito de Durg, e que, depois de percorrer cerca de 164 km, se junta ao rio Seonath, perto de Seonath, a norte. A bacia hidrográfica total do rio Kharun é de 4191 km2 , situada a montante do ponto em que o rio se funde com o rio Seonath, entre as coordenadas geográficas 20^0 33 30 N - 21^0 33 38 N de latitude e 81^0 17 51 E - 81^0 55 25 E de longitude. A área de estudo abrange 3 distritos e 13 blocos, cujos pormenores são apresentados no Quadro 3.3. A sub-bacia de Kharun (de acordo com o Gabinete Nacional de Levantamento de Solos e Planeamento do Uso da Terra) tem um código de bacia hidrográfica de **4G3B**. O mapa de localização é apresentado na Fig. 3.2. Onde codificado como **4**: Rio que flui para a Baía de Bengala, **G**: Código da Bacia de Mahanadi, **3**: Código da Bacia de Shivnath, **B**: Margem direita de Shivnath até à confluência com a sub-bacia de Amner.

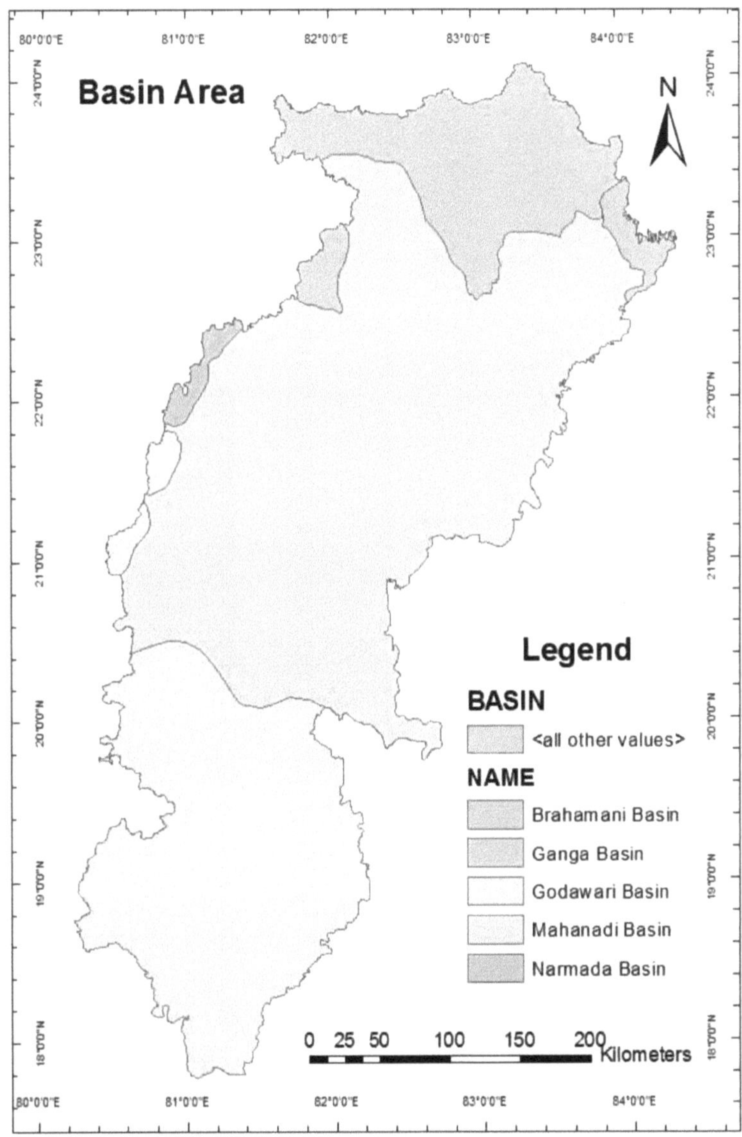

Fig. 3.1 Distribuição da área da bacia

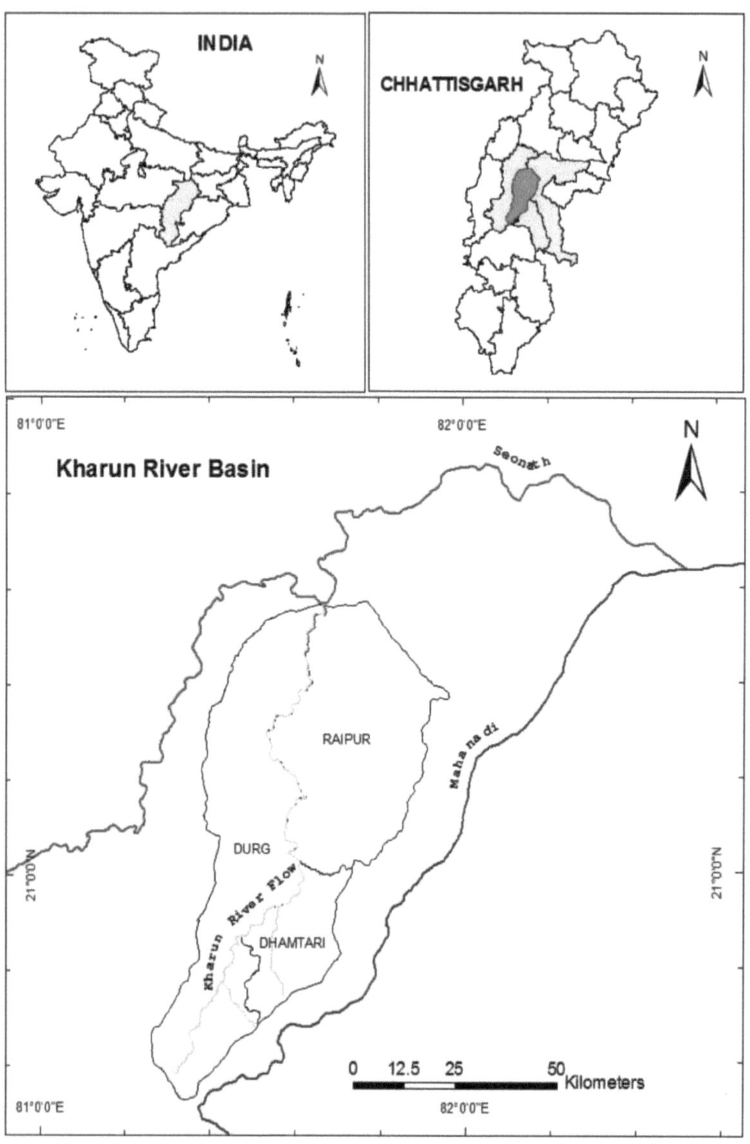

Fig. 3.2 Mapa de localização da área de estudo

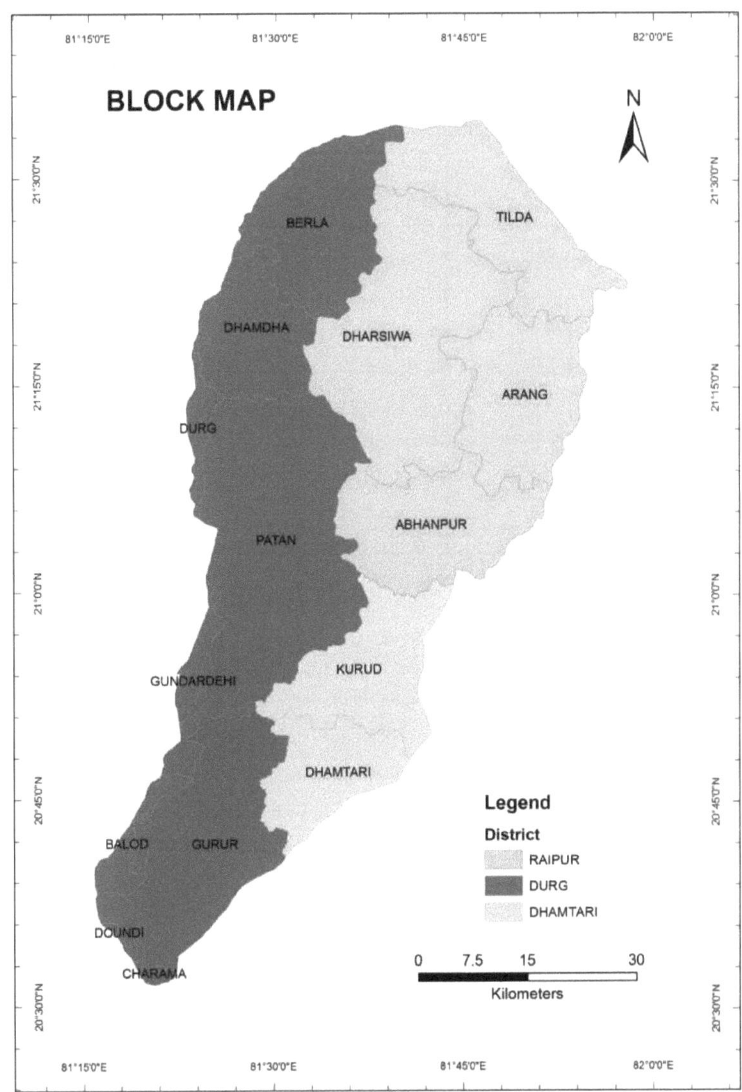

Fig 3.3: Mapa de blocos da área de estudo

Quadro 3.3: Distribuição da zona de estudo (sub-bacia de Kharun)

S.N.	Nome do distrito	Nome do bloco	Área (em km2)
1	RAIPUR	ARANG	336
		ABHANPUR	350
		TILDA	370
		DHARSIWA	652
2	DHAMTARI	DHAMTARI	230
		KURUD	298
3	DURG	DURG	45
		BALOD	60
		GUNDERDEHI	75
		DHAMDHA	231
		BERLA	338
		GURUR	470
		PATAN	736
		TOTAL	**4191**

3.4 CARACTERÍSTICAS

3.4.1 Caraterísticas climáticas:

A região climática em questão é caracterizada por uma secura geral, exceto durante a estação das monções do sudoeste. A estação quente decorre de março a maio. A monção do sudoeste instala-se geralmente nesta região durante a segunda semana de junho e a atividade pluviométrica é contínua até à segunda semana de outubro. A segunda metade de outubro e todo o mês de novembro constituem a estação pós-monção. No entanto, para a compilação dos registos de precipitação, os meses de junho a setembro constituem a estação das monções do sudoeste e os meses de outubro a dezembro a estação pós-monção. janeiro e fevereiro constituem a estação fria.

3.4.2 Caraterísticas geológicas:

Chhattisgarh faz parte do planalto peninsular. O quadro 3.4 apresenta formações e rochas de idades variadas, desde o Arqueano até aos tempos mais recentes. Este motivo é quase contíguo à sedimentação de cuddapah purna e aos granitos e gnaisses arqueanos expostos na região e nas terras altas. A formação geológica mais importante da região são as rochas Purna do sistema Cuddapah. Uma grande espessura de argilas não fossilíferas, saltos, quatzitos, arenitos e calcários foi depositada, presumivelmente, nas grandes bacias sinclinais. A bacia de Seonath tem como principais tipos de rocha os gneisses do grupo Baster nas zonas superiores da sua origem. O supergrupo de rochas de Chhattisgarh é constituído por conglomerados associados a calcário e cassiterite, como se pode ver na Fig. 3.4.

Tabela 3.4: Informação geológica da área de estudo

Idade	Grupo			Litologia
Quaternário	Aluvião/Coluvião			
	Laterite			
Proterozoico médio	Supergrupo de Chhattisgarh	Grupo Raipur	Tarenga	Xisto e dolomite
			Chandi / Bamandihi	Calcário e xisto
			Gunderdihi	Xisto
			Charmuria	Calcário e xisto
		Grupo Chandrapur		Arenito, siltito, xisto e conglomerado
Protorozóico inferior	Grupo Dongargarh			Granito

Fonte: CGWB NCCR Region, Raipur "State Report Hydrogeology of Chhattisgarh" (Relatório estadual sobre hidrogeologia de Chhattisgarh)

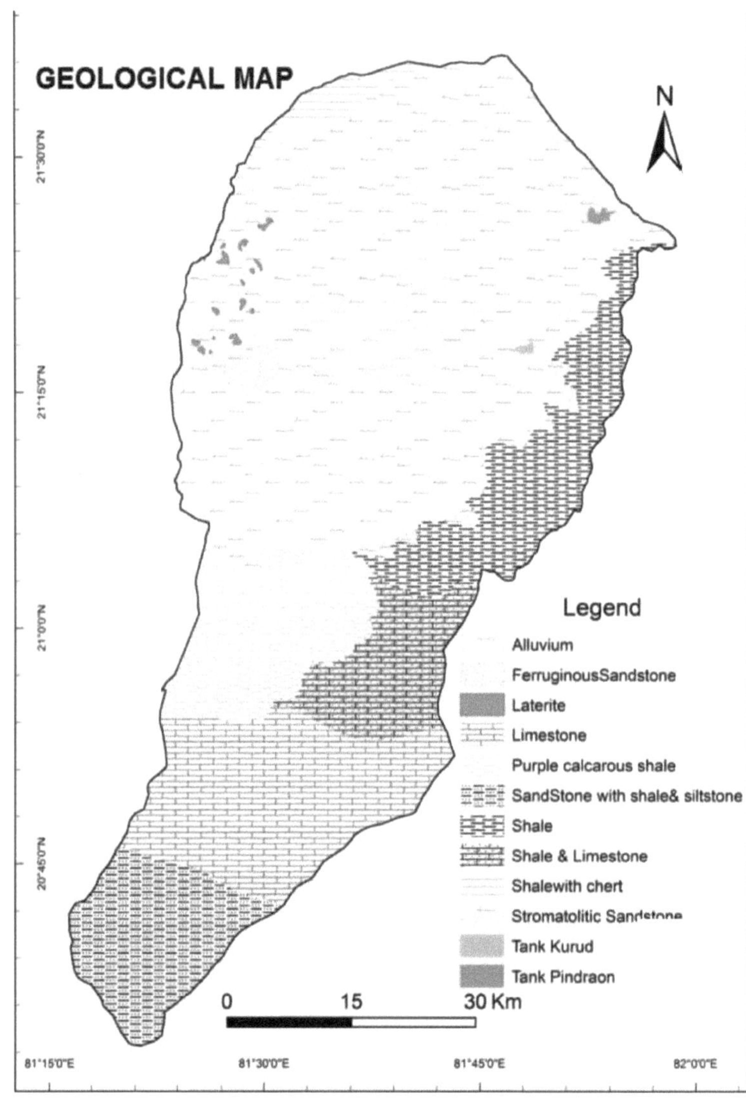

Fig. 3.4: Mapa geológico da área de estudo

3.4.3 Caraterísticas topográficas:

As caraterísticas topográficas - por exemplo, os limites do Estado e do distrito, o caudal do rio e a drenagem da área de estudo - foram analisadas utilizando a combinação das folhas de mapa da Índia com os números 64G6, 64G7, 64G8, 64G10, 64G11, 64G12, 64G14, 64G15, 64G16 e 64H5, 64H6, 64H7, 64H10 à escala de 1:50.000. As toposheets foram obtidas no gabinete do Diretor do Centro de Dados Geoespaciais de Chhattisgarh, Survey of India, e em Chhattisgarh. A análise revelou que a sub-bacia de Kharun é drenada de

22

sul para norte e nordeste.

3.4.4 Caraterísticas dos aquíferos:

A ocorrência de águas subterrâneas e os seus momentos no aquífero na área da bacia são influenciados pela localização, fisiografia, geologia, vegetação, grau de meteorização, influência de estruturas como falhas, zonas de cisalhamento, etc. As caraterísticas hidrológicas na bacia de Mahanadi em Chhattisgarh podem ser classificadas de acordo com as caraterísticas geológicas da rocha subjacente. Geologicamente, Chhattisgarh pode ser dividida em sectores constituídos por diversos tipos de rochas, como granitos, gnaisses, metamórficos, xistos, arenitos, pedras de cal, quartzitos, etc.

3.4.5 Caraterísticas do solo:

A parte superior da área de estudo é constituída por solos de cor clara e as áreas adjacentes aos vales dos rios têm solos suaves e férteis. Na área de estudo encontram-se quatro tipos principais de solo: Bhata (Entisols - Sandy loam), Matasi (Inceptisols - Sandy clay loam), Dorsa (Alfisols - Loam) e Kanhar (Vertisols - clay). Kanhar encontra-se na parte mais baixa da sequência topográfica e é de cor negra, sendo ideal para o cultivo de culturas. Os solos de Dorsa e Matasi (solos intermédios) são adequados para o cultivo do arroz e os de Bhata (terras altas) para o Kodo, o Kulthi, o milho e o Kutki. A zona em torno do rio Kharun é muito fértil. Os solos argilosos vermelhos e amarelos, ou seja, os inceptisols - localmente designados por Matasi (com baixo teor de azoto e húmus) são dominantes nos distritos de Durg e Raipur.

3.5FACTORES DE CONTROLO

A água subterrânea faz parte do ciclo hidrológico e forma um sistema dinâmico. Surge com o processo de infiltração à superfície. Depois, percola no solo, que é composto por diferentes formações rochosas com diferentes propriedades hidrogeológicas. Num determinado local, a ocorrência de água subterrânea depende da capacidade de armazenamento e da taxa de transmissão. No entanto, as propriedades hidrogeológicas do aquífero desenvolvidas aquando da formação das rochas com a forma geométrica inicial que varia entre tabular, lenticular e cilíndrica, sofrem diferentes alterações à medida que :

a) As modificações estruturais e erosivas alteram a espessura e a continuidade lateral da maioria das principais unidades rochosas.

b) A alteração hidrotermal, o metamorfismo de contacto, a digénese e os efeitos termomecânicos modificam as propriedades hidráulicas das rochas em diferentes graus a nível local e

c) A fracturação altera a permeabilidade ao longo das zonas de falha/fratura.

Estas alterações provocam variações significativas nas propriedades hidrogeológicas dentro do tipo de rocha, alterando assim as capacidades de armazenamento e transmissão da água subterrânea, tanto na horizontal como na vertical. O quadro em que a água subterrânea ocorre é tão variado como o dos tipos de rocha, tão intrincado como a sua deformação estrutural e história geomórfica, e tão complexo como o do equilíbrio entre os parâmetros litológicos, estruturais e geomórficos. Toda a coluna de subsuperfície actua como um quadro tridimensional de condutas/aquíferos de águas subterrâneas e barreiras/unidades de confinamento de águas subterrâneas. Finalmente, as perspectivas de água subterrânea na unidade dependem da disponibilidade de recarga que, por sua vez, depende das condições hidrológicas prevalecentes. Assim, o regime de águas subterrâneas pode ser definido como uma combinação de três factores, ou seja, 1) litologia, 2) estrutura e 3) condições de recarga. As combinações possíveis de variedade e complexidade são virtualmente infinitas e as condições das águas subterrâneas num determinado local são únicas.

3.6 RELEVÂNCIA DOS DADOS DE SATÉLITE

A unidade hidro-geomórfica evolui a partir da formação rochosa original devido a processos estruturais, geomorfológicos e hidrológicos. Estes processos e as alterações daí resultantes manifestam-se à superfície. As imagens de satélite são a melhor base de dados onde a informação relativa a todos estes parâmetros está disponível num ambiente integrado. Com base na interpretação das imagens de satélite em conjunto com informações limitadas sobre a verdade terrestre, a extração e o mapeamento da distribuição espacial das formações rochosas, formas de relevo, rede estrutural e condições hidrológicas podem ser feitos com precisão. Estes podem ser melhor estudados e compreendidos em associação uns com os outros. Isto não é possível através de levantamentos terrestres convencionais. Para além disso, é necessário muito tempo e energia, o que torna o levantamento de águas subterrâneas dispendioso. Os mapas geológicos que mostram os tipos de rocha e as principais estruturas preparadas pelo Serviço Geológico da Índia estão a ser utilizados para a estimativa bruta do recurso e da sua distribuição. Em particular, os dados sobre as estruturas geológicas e as condições de recarga não estão de todo disponíveis. A imagem de satélite (LISS III, 2010) está a ser fornecida por Chhattisgarh

Conselho de Ciência e Tecnologia, Raipur, ilustrado na Fig. 3.7.

3.6.1 Landuse/Landcover:

A utilização e a ocupação do solo estão relacionadas com o tipo de caraterística presente na superfície da terra, ao passo que a utilização do solo se refere à atividade humana associada a um pedaço de terra específico. Inicialmente, a folha topográfica do Survey of India (SOI) e os dados de satélite foram utilizados para obter informações sobre a utilização e a ocupação do solo na área de estudo. A área de estudo é classificada em vários tipos de uso e ocupação do solo com base em diferentes assinaturas espectrais das caraterísticas da superfície nas imagens. Embora a classificação supervisionada tenha servido como uma ferramenta de ajuda muito boa para a interpretação das classes de utilização do solo, o mapa temático foi gerado por imagens de satélite e dados digitais. A área geográfica total da sub-bacia de Kharun é de 4191 km2, dos quais 3215 km2 são ocupados por terrenos agrícolas, o que corresponde a cerca de 76,71% da área geográfica total, 428 km2 são ocupados por áreas construídas, ou seja, 10,21% da área total, 195 km2 são ocupados por florestas, ou seja, 4,65% da área total, e árvores ocupam uma área de 4,65% da área total. 65% da área total, e a área arborizada ocupa 2,0 km2, ou seja, 0,05% da área total, que tem uma área mínima na sub-bacia de Kharun, os terrenos baldios ocupam 257 km2, ou seja, 6,13% da área total, as massas de água ocupam 94 km2, o que corresponde a cerca de 2,24% da área geográfica total, como se pode ver no Quadro 3.5 e na Fig. 3.5. Assim, pode concluirse que a área agrícola cobre a área máxima, enquanto a área arborizada e as massas de água cobrem uma área muito reduzida ou mínima. O mapa geral de utilização do solo da sub-bacia de Kharun está representado graficamente na Fig. 3.6.

Tabela 3.5: Distribuição da área de uso do solo/cobertura vegetal (LULC)

S.N.	LULC	Área (em km2)	Percentagem da superfície total
1	Terrenos agrícolas	3215	76.71
2	Construído	428	10.21
3	Floresta	195	4.65
4	Revestimento de árvores	2	0.06
5	Terrenos baldios	257	6.13
6	Massas de água	94	2.24
	Total	4191	

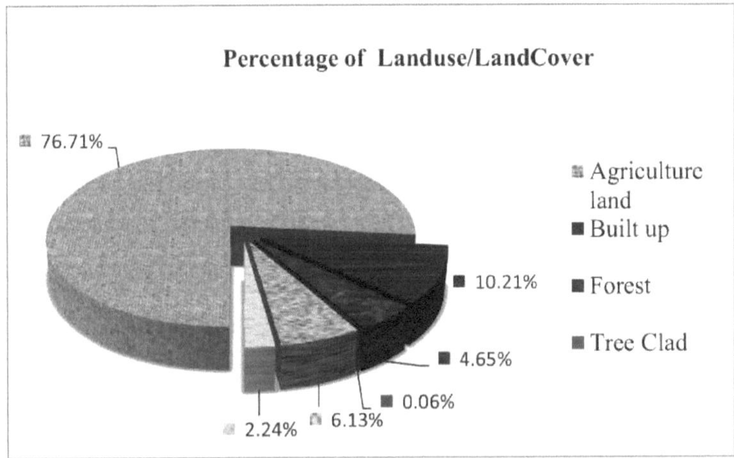

Fig. 3.5: Gráfico de pizza para uso do solo/cobertura vegetal

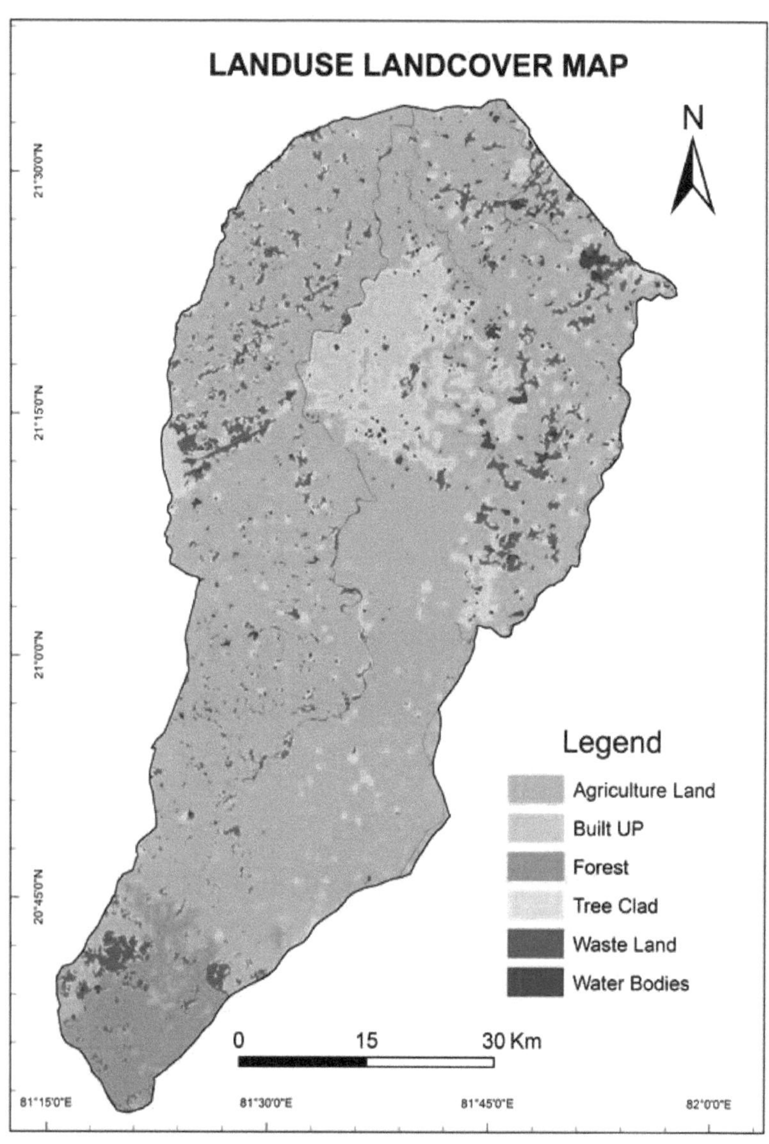

Fig. 3.6: Mapa de uso do solo/cobertura vegetal da área de estudo

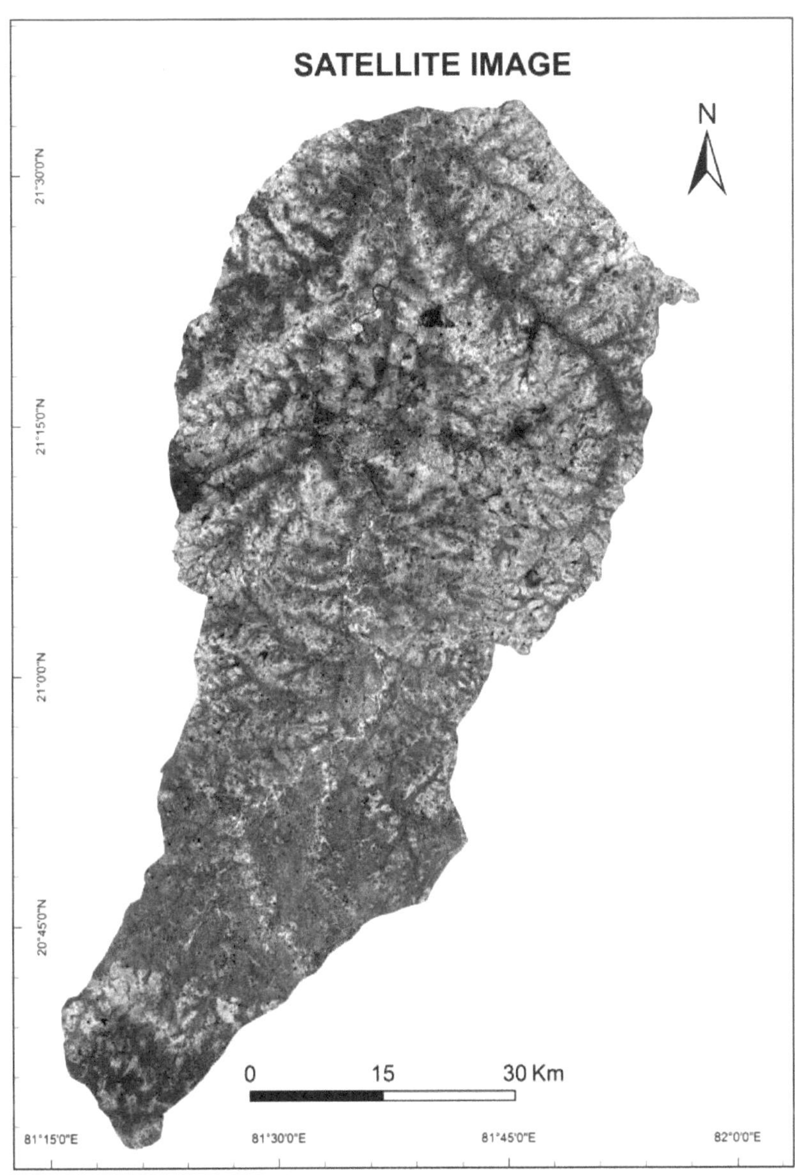

Fig. 3.7: Imagens de satélite da área de estudo

CAPÍTULO 4

4.1 GERAL

A metodologia adoptada para o estudo é explicada neste capítulo. Este capítulo inclui também uma breve descrição do software ArcGIS® 9.2, caraterísticas importantes, aplicação do SIG na preparação de uma base de dados geográfica (base de dados espacial) dos parâmetros DRASTIC (os dados são apresentados no Anexo I) e um esquema numérico para calcular o valor do índice DRASTIC. O diagrama de fluxo processual é apresentado na Fig.4.6.

4.2 APLICAÇÕES DO GIS

4.2.1 Software utilizado:

Para o estudo, é utilizado um pacote de software comercial denominado ArcGIS. Dois subprogramas essenciais incluídos neste pacote são denominados ArcCatalog e ArcMap. O ArcCatalog é utilizado para criar, apagar e editar os ficheiros de dados espaciais. O ArcMap é a principal aplicação onde os dados são analisados e processados. Os dois tipos de dados espaciais utilizados são os ficheiros vectoriais e raster. Os dados vectoriais contêm caraterísticas definidas por um ponto, uma linha ou um polígono. Os modelos de dados vectoriais são úteis para armazenar e representar caraterísticas discretas, tais como edifícios e estradas. O ArcGIS implementa os dados vectoriais como ficheiros de forma. Os dados raster são compostos por uma matriz retangular de células. Cada célula tem uma largura e uma altura e é uma parte de toda a área representada pelo raster. Cada célula tem um valor, que representa o fenómeno retratado pelo conjunto de dados raster, tal como uma categoria, magnitude, distância ou valor espetral. A categoria pode referir-se a uma classe de utilização do solo, como prado ou urbano. As dimensões da célula podem ser tão grandes ou tão pequenas quanto necessário para representar corretamente a área. A localização de cada célula é definida pelo seu sistema de referência ou projeção. Neste estudo, a projeção utilizada é a WGS_1984_UTM_Zone_44N para todos os tipos de dados. A utilização da mesma projeção permite que as camadas raster se sobreponham umas às outras.

O ArcGIS 9.2 (pacote ArcInfo) com analista espacial, área de superfície e rácio da extensão da grelha de elevação é útil para o cálculo automático da área de superfície e para fornecer estatísticas da área de superfície. A interpolação é efectuada através de spline. A interpolação spline tem um conceito em que os pontos de amostra são extrudidos até à altura da sua magnitude; o spline dobra uma folha de borracha que passa pelos pontos de entrada, minimizando a curvatura total da superfície. O Spline ajusta uma função matemática a um número especificado de pontos de entrada mais próximos enquanto passa pelos pontos de amostra.

Existem dois métodos Spline: Regularizado e Tensão.

> O método regularizado cria uma superfície suave e gradualmente variável com valores que podem estar fora do intervalo de dados de amostra.

> O método de tensão controla a rigidez da superfície de acordo com o carácter do fenómeno modelado. Cria uma superfície menos suave com valores mais limitados pelo intervalo de dados da amostra.

4.2.2 Análise GIS

Os SIG funcionam com dois tipos de modelos geográficos fundamentalmente diferentes, como o modelo vetorial e o modelo raster. O modelo vetorial é útil para descrever caraterísticas diretas, mas menos útil para descrever caraterísticas que variam continuamente, enquanto o modelo raster descreve as caraterísticas que variam continuamente. Neste projeto, utiliza-se o modelo WGS_1984_UTM_Zone_44N para todos os tipos de dados. No modelo vetorial, a informação sobre pontos, linhas e polígonos é codificada e armazenada como uma coleção de coordenadas x, y. A localização de elementos pontuais, como um furo, pode ser descrita por uma única coordenada x e y. As caraterísticas lineares, como estradas e rios, podem ser armazenadas como uma coleção de pontos conhecida como polilinha. As caraterísticas poligonais são armazenadas como um ciclo fechado de coordenadas. Uma imagem raster é constituída por um conjunto de células de grelha. A integração de mapas geográficos e informações de campo com vários mapas temáticos preparados a partir de teledeteção e toposheet foi efectuada utilizando o ArcGIS 9.2.

VECTOR - Um modelo de dados baseado em coordenadas que representa caraterísticas geográficas como pontos, linhas e polígonos. Cada elemento pontual é representado por um único par de coordenadas, enquanto os elementos lineares e poligonais são representados por listas ordenadas de vértices, como mostra a Fig. 4.5

RASTER - Um modelo de dados espaciais que define os espaços como uma matriz de células de igual dimensão, dispostas em linhas e colunas como píxeis, como se mostra na Fig. 4.5. Cada célula contém um valor de atributo e uma coordenada de localização. Ao contrário de uma estrutura vetorial, que armazena as coordenadas explicitamente, as coordenadas raster estão contidas na ordenação da matriz.

Os grupos de células que partilham o mesmo valor representam caraterísticas geográficas.

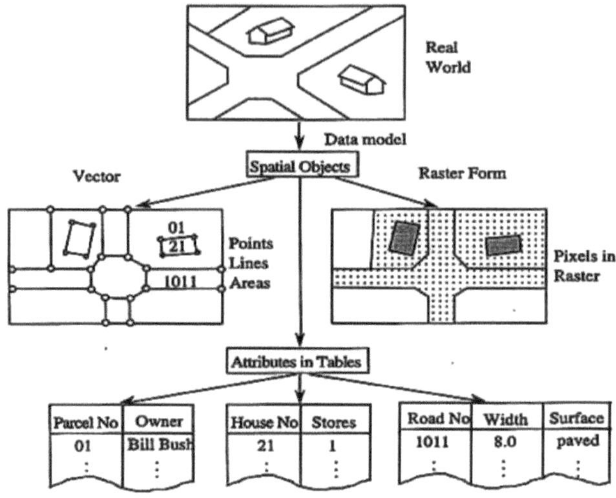

Fonte: http//www.forums.esri.com

Fig. 4.1: Representação do mundo real em forma vetorial e raster

TABELA DE ATRIBUTOS - A informação tabular é a base das caraterísticas geográficas, permitindo visualizar, consultar e analisar os dados. Em termos mais simples, as tabelas são arranjos sistemáticos para identificação de diferentes elementos como linhas e colunas.

SHAPE FILE - O Shape File é o formato mais comum para os dados vectoriais no ArcView. Os dados vectoriais utilizam pontos, linhas e polígonos para representar as caraterísticas do mapa. O SIG vetorial é excelente para representar objectos discretos, tais como parcelas, ruas e limites administrativos. O SIG vetorial não é tão bom para representar objectos que variam continuamente no espaço, como a temperatura e a elevação. A visão comum dos ficheiros shape através do ArcMap ou ArcCatalog é a de um único ficheiro, mas os ficheiros shape contêm muitos ficheiros de suporte com diferentes extensões:

.shp - o ficheiro que armazena as caraterísticas da geometria, como pontos, linhas e polígonos.

.shx - o ficheiro que armazena o índice da geometria da caraterística

.dbf- o ficheiro que armazena a informação sobre os atributos da caraterística. Quando um ficheiro de forma é adicionado como tema a uma vista, este ficheiro é apresentado como uma tabela de caraterísticas.

.sbn e .sbx - o ficheiro que armazena o índice espacial das caraterísticas. Estes dois ficheiros podem não existir até que o utilizador efectue a seleção de tema sobre tema, junção espacial ou crie um índice no campo de forma de um tema.

.pjr- o ficheiro que armazena informações sobre a projeção. Este ficheiro só existirá para a forma.

DATUM - é uma representação da superfície da Terra, um elipsoide que tem uma correção local para ter em conta a natureza irregular da superfície da Terra. O datum mais comum e o datum global mais aceite é o

WCS84 na ÍNDIA. Mesmo um sistema recetor GPS tem também um sistema de coordenadas baseado no WGS84.

4.2.3 Ferramentas utilizadas:

Na presente análise é utilizada a versão ArcInfo. O ArcInfo é o SIG de secretária mais completo. Inclui todas as funcionalidades do ArcEditor e do ArcView e acrescenta análises espaciais avançadas, dados alargados e manipulação. As organizações utilizam o poder do ArcInfo todos os dias para criar, editar e analisar os seus dados, a fim de tomarem melhores decisões mais rapidamente. Alinhamento de dados geográficos com um sistema de coordenadas conhecido para que possam ser visualizados, consultados e analisados com outros dados geográficos. Pode implicar deslocar, rodar, escalar, enviesar e, nalgumas áreas, deformar, cobrir com borracha ou ortorrectificar os dados. As várias ferramentas utilizadas são explicadas uma a uma:

I) Georreferenciação - É o processo de adicionar um sistema de coordenadas do mundo real a uma imagem digital ou raster, o que inclui o alinhamento de dados geográficos com um sistema de coordenadas conhecido, de modo a que possam ser visualizados, consultados e analisados com outros dados geográficos, como mostra a Fig. 4.1.

Processo de Georeferenciação:

> Abrir janela

> Adicionar ficheiro de imagem digitalizada (normalmente Toposheet)

> Clique em (adicionar ponto de controlo) na barra de ferramentas de georreferenciação

{then " clique + clique com o botão direito do rato num ponto para introduzir X & Y"}

> Introduzir as coordenadas em graus decimais

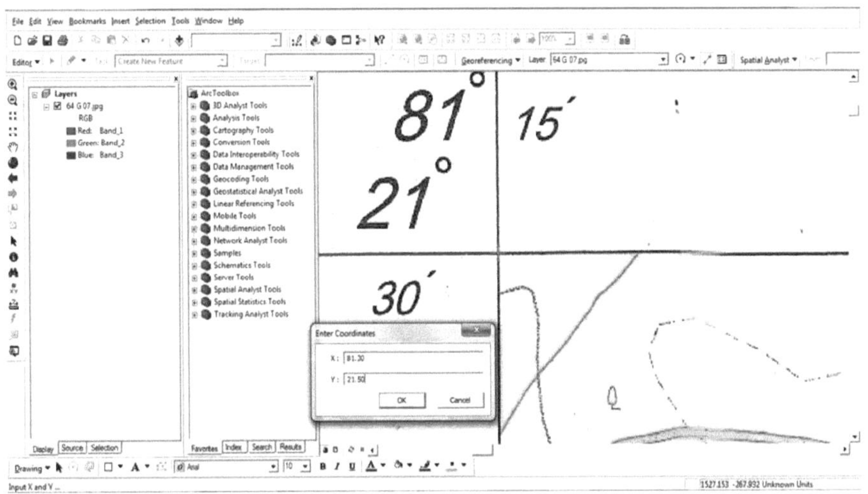

Fig. 4.2: Visão geral do processo de georreferenciação

A imagem abaixo mostra a barra de ferramentas de Georreferenciação.

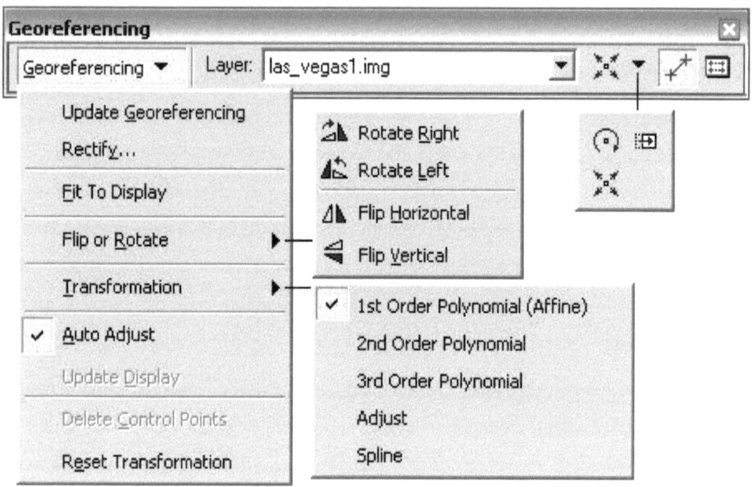

> **Retificar** (barra de ferramentas de georreferenciação)

> Alterar nome + Guardar

> Nova janela

> Adicionar dados >>> "Retificar imagem"

> Ir (**Caixa de ferramentas do arco**)

> Ferramenta de gestão de dados

> Projeção e transformação

> **Definir projeção**

> Conjunto de dados de entrada >>> entrada "Retificar imagem"

> Sistema de coordenadas >>> no sistema de coordenadas X-Y

> GCS (Sistema de Coordenadas Geográficas)

>> mundo

>> WGS 1984

Aplicar.

II) Digitalização - O processo de representação de um sinal analógico ou de uma imagem por um conjunto discreto dos seus pontos é conhecido como digitalização ou conversão de elementos de um mapa em papel para formato digital. Estes dados, após a conversão, estão em formato binário ou vetorial, que é diretamente legível por computador. As coordenadas x,y destas caraterísticas são registadas automática ou manualmente e armazenadas como dados espaciais.

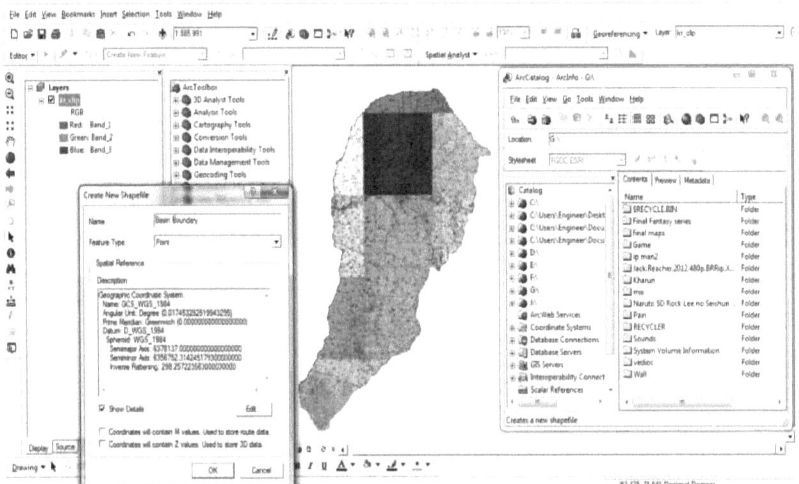

Fig. 4.3: Criação de novos ficheiros shape (utilizando o ArcCatalog)

Processo de digitalização:

> **Criar um ficheiro shape vazio e abrir o ArcCatalog**

> *criar um novo ficheiro de forma*

A imagem mostra a barra de ferramentas Digitalização.

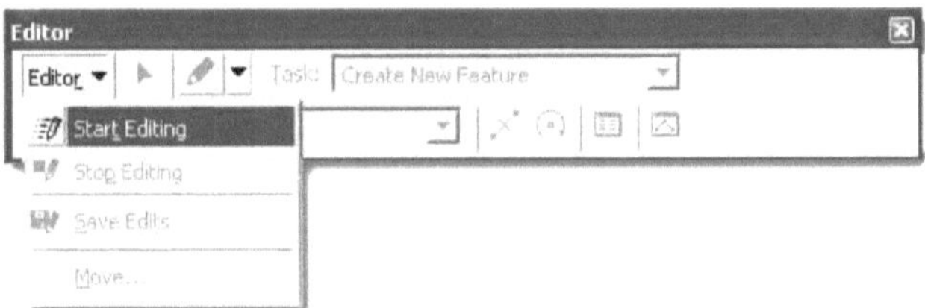

> Ir para o **ArcCatalog**

> Navegue até à localização do seu ficheiro MXD atual

> Selecione essa pasta e clique nela com o botão direito do rato

> Ir para novo ficheiro de formato para abrir a janela Criar novo ficheiro de formato

> Dê ao ficheiro de forma um nome apropriado e clique em Editar para ver o sistema de coordenadas do ficheiro. Na janela Propriedades de Referência Espacial, clique em Importar para utilizar a projeção da respectiva camada raster/rectificada

> Clique em OK e novamente em OK para criar o ficheiro de forma.

III) Sobreposição - É uma operação SIG em que camadas com uma base cartográfica comum e registada são unidas com base na sua ocupação de espaço. A função de sobreposição cria mapas compostos através da combinação de diversos conjuntos de dados. Uma operação de sobreposição é muito mais do que uma simples fusão de linhas; todos os atributos das caraterísticas que fazem parte da sobreposição são mantidos. Exemplos:

estradas de exploração florestal (linhas) e tipos de vegetação (polígonos) são sobrepostos para criar uma nova camada de linhas. As linhas foram divididas onde foram intersectadas por polígonos, e a cada caraterística de linha foram atribuídos os atributos de ambas as camadas originais.

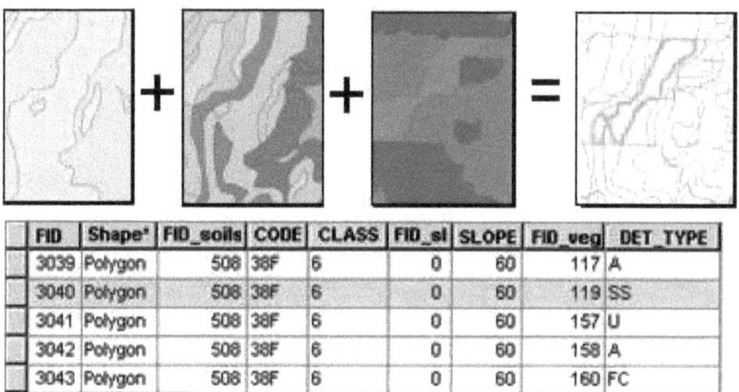

FID	Shape*	FID_soils	CODE	CLASS	FID_sl	SLOPE	FID_veg	DET_TYPE
3039	Polygon	508	38F	6	0	60	117	A
3040	Polygon	508	38F	6	0	60	119	SS
3041	Polygon	508	38F	6	0	60	157	U
3042	Polygon	508	38F	6	0	60	158	A
3043	Polygon	508	38F	6	0	60	160	FC

Source: http://resources.esri.com/

Fig. 4.4(a): Operação de sobreposição

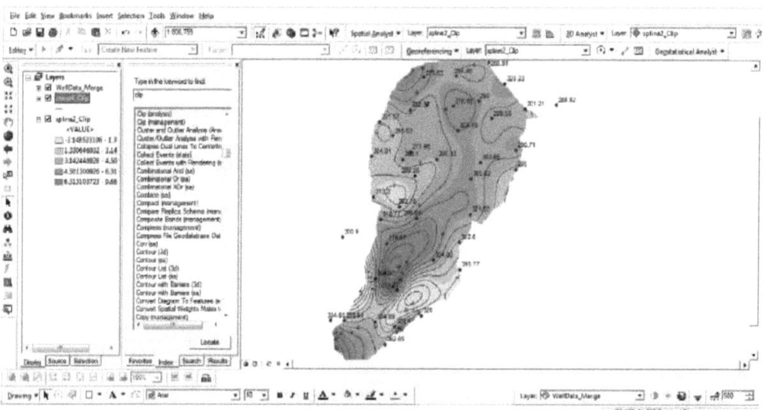

Fig. 4.4(b): Sobreposição

IV) Cortar/preencher e grampear - Esta operação é um procedimento no qual a elevação da superfície de um relevo é modificada pela remoção ou adição de material de superfície. Esta ferramenta resume as áreas e volumes de alteração de uma operação de corte e aterro. Ao obter superfícies de um determinado local em dois períodos de tempo diferentes, identifica regiões de remoção de material de superfície, adição de material de superfície e áreas onde a superfície não sofreu alterações. Utilize esta ferramenta para cortar uma peça de uma classe de caraterística utilizando uma ou mais caraterísticas de outra classe de caraterística "cortador de biscoitos". Isto é particularmente útil para a criação de uma nova classe de caraterística, também designada por área de estudo ou área de interesse, que contenha um subconjunto geográfico da caraterística noutra classe de caraterística maior.

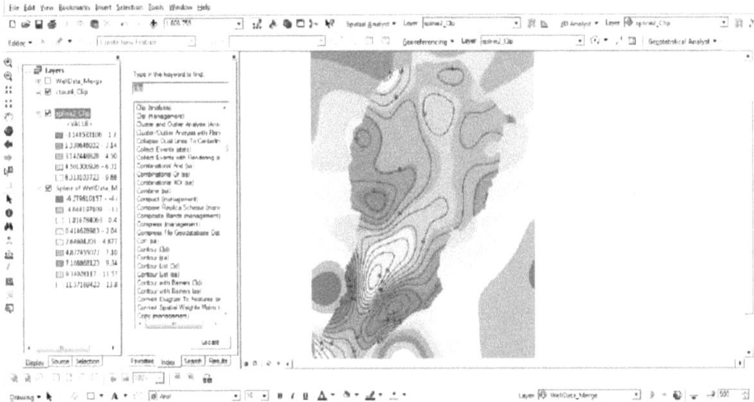

Fig. 4.5: Área requerida para a clivagem a partir do nível da água DEM

V) Modelo Digital de Elevação (DEM) - O modelo digital de elevação é um conjunto de dados cartográficos ou geográficos digitais de elevações em coordenadas XYZ. A elevação do terreno das coordenadas do solo é amostrada em intervalos horizontais espaçados regularmente. Os DEM são derivados de dados hipsográficos (curvas de nível) ou de métodos fotogramétricos.

Existem dois métodos explicados para criar DEM.

Método I:- *Criação de DEM e contorno utilizando dados GPS.*

> *Primeiro, ativar* **a extensão da ferramenta de análise espacial**
> Aceda ao menu Extensões e selecione <u>Spatial Analyst</u> para ativar esta extensão

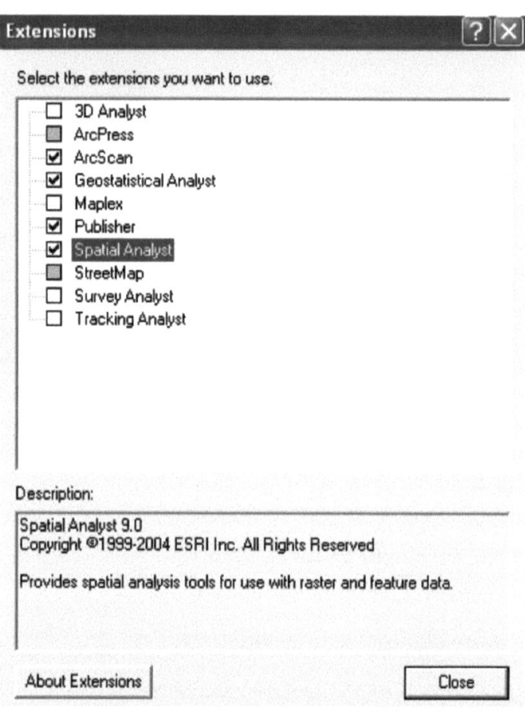

> *Pegar numa* "Camada" *vazia*

> Ir para Propriedades

> Sistemas de coordenação

Selecionar um sistema de coordenadas:

→ Predefinido

→ Sistema de coordenadas projetado

→ UTM

→ WGS_1984_UTM_Zone_44N (ou selecionar a zona pretendida)

> Em seguida, aceda a Ferramentas

> Adicionar dados XY→ Procurar

{Dê a localização dos dados GPS do Excel}

> Definir o valor das células X e Y

> A partir do botão **Editar**, é necessário definir novamente a projeção dos seus dados espaciais

> Definir sistemas de coordenadas

Selecionar um sistema de coordenadas:

    → Sistema de coordenadas projetado

    → WGS 1984

    → WGS_1984_UTM_Zone_44N (ou selecionar a zona pretendida)

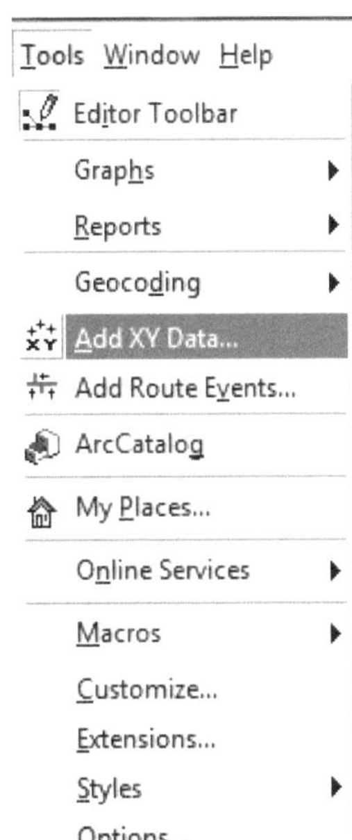

> *(Camada gerada)*

    → Agora são apresentados os dados de exportação

    → Camadas

↵ clicando com o botão direito do rato numa determinada camada

> Dados→ Exportar dados

(o quadro de dados)

> Nova camada (Export_Output) guardá-la

> Na **barra de ferramentas do Spatial Analyst**

> Clique em Spatial Analyst

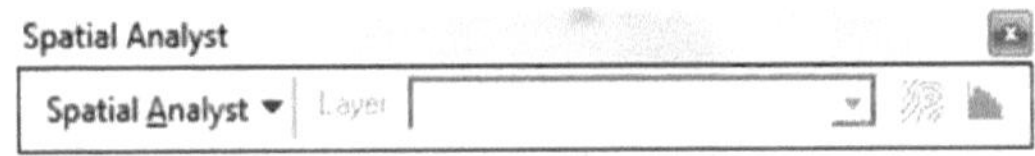

> Selecionar Interpolar para rasterização

Na caixa de diálogo pendente > Existem três métodos

> Aqui apenas

> O método da distância inversa ponderada (IDW) é explicado

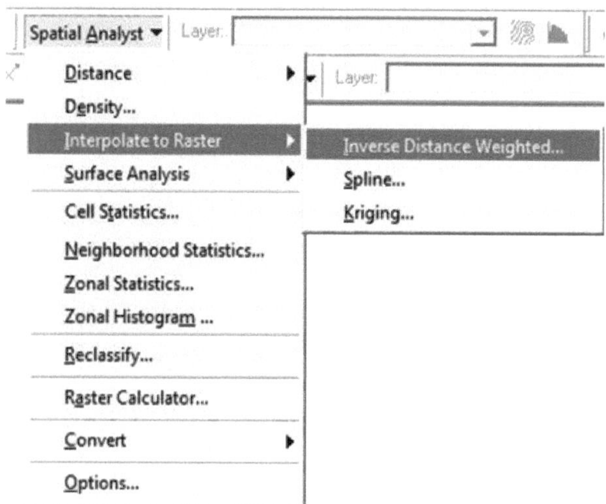

> Procurar Pontos de entrada

> Definir o valor Z (dados de elevação)

> Personalize as propriedades raster de saída de acordo com as suas necessidades, como o tipo de raio, o número de pontos e o tamanho da célula de saída.

> **DEM** *gerado*

Extração de contornos a partir de DEM

> Ferramenta de análise espacial Go

> Análise de superfície

> Contorno (superfície de entrada DEM)

> Definir a caraterística de saída e clicar em OK

> O contorno será traçado.

<u>Método II</u>:- *Criação do DEM e do contorno através da digitalização da folha de topo.*

Consulte as ferramentas de georreferenciação e digitalização.

> Após a digitalização

> Agora, a camada vetorial é o seu Contorno

> E para criar DEM

> Mais uma vez, trata-se do mesmo processo que o método I anterior

> Ir para o Spatial Analyst

> Definir o valor Z ou as elevações

> Analista espacial Estatísticas de vizinhança

> Preencha os campos pretendidos para criar um ficheiro de imagem raster.

4.3 MODELO DRÁSTICO

No presente estudo é utilizado o método DRASTIC, um sistema padrão para avaliar o potencial de poluição das águas subterrâneas. O modelo DRASTIC é utilizado em muitos países porque as informações de entrada necessárias para a sua aplicação estão prontamente disponíveis ou podem ser facilmente obtidas junto de várias agências governamentais. O modelo DRASTIC baseia-se na definição hidrogeológica de sete parâmetros, correspondentes a sete camadas a serem utilizadas como parâmetros de entrada para a modelação, cujas informações necessárias foram obtidas de várias agências governamentais e semi-governamentais a uma escala desejada. O acrónimo DRASTIC corresponde às iniciais dos sete mapas de parâmetros de base.

O método DRASTIC parte do princípio de que:

1) Qualquer contaminante é introduzido na superfície do solo;

2) O contaminante é arrastado para as águas subterrâneas pela precipitação;

3) O contaminante tem a mobilidade da água (Aller et al. (1987)).

O sistema DRASTIC é composto por duas partes principais:

1) A designação de unidades cartográficas, designadas por enquadramento hidrogeológico; e

2) A aplicação de um esquema numérico de classificação relativa dos factores hidrogeológicos.

Os factores hidrogeológicos ajudam a avaliar o potencial relativo de poluição das águas subterrâneas em qualquer contexto hidrogeológico. O contexto hidrogeológico é uma descrição composta de todos os factores geológicos e hidrogeológicos que controlam o fluxo de águas subterrâneas para dentro, através e fora de uma área.

Tabela 4.1: Descrição dos parâmetros do modelo DRASTIC (Aller et al., 1987)

D:	**Profundidade do lençol freático**	Representa a profundidade do material desde a superfície do solo até ao lençol freático através do qual um contaminante viaja antes de atingir o aquífero. Quanto menor for a profundidade da água, maior é a probabilidade de os poluentes interagirem com a água subterrânea.
R:	**Recarga (líquida)**	A recarga líquida é a quantidade de água por unidade de área do solo que percola para o aquífero. Este é o principal veículo que transporta o contaminante para as águas subterrâneas. Quanto maior for a recarga, maiores serão as hipóteses de o contaminante ser transportado para o lençol freático.

A:	**Meio aquífero**	O material do aquífero determina a mobilidade do contaminante através dele. Um aumento no tempo de viagem do poluente através do aquífero resulta numa maior atenuação do contaminante.
S:	**Meios de solo**	O meio do solo é a porção superior do solo não saturado caracterizada por uma atividade biológica significativa. Este, juntamente com o meio aquífero, determinará a quantidade de água de percolação que atinge a superfície da água subterrânea. Os solos com argilas e sedimentos têm uma maior capacidade de retenção de água, aumentando assim o tempo de deslocação do contaminante através da zona radicular.
T:	**Topografia (declive)**	Refere-se à inclinação ou declive, as áreas com baixa inclinação tendem a reter a água durante mais tempo, o que permite uma maior infiltração de recarga de água e um maior potencial de migração de contaminantes e vulnerabilidade à contaminação das águas subterrâneas e vice-versa.
I:	**Impacto da zona vadosa**	A zona não saturada acima do nível freático é designada por zona vadosa; controla a passagem e a atenuação do material contaminado para a zona saturada. Será utilizada a camada que mais restringe o fluxo de água.
C:	**Condutividade: (hidráulica)**	A condutividade hidráulica dos meios do solo determina a quantidade de água que percola para as águas subterrâneas através do aquífero. Para solos altamente permeáveis, o tempo de deslocação dos poluentes diminui dentro do aquífero.

A cada fator é atribuída uma classificação para diferentes intervalos de valores. A cada fator é também atribuído um peso com base na sua importância relativa na afetação do potencial de poluição. As classificações típicas vão de 1 a 10 e os pesos vão de 1 a 5. O índice DRASTIC é calculado pela soma dos produtos da classificação e dos pesos de cada fator da seguinte forma

$$DRASTIC\ Index \ = \sum_{i=1}^{7} (W_i \times R_i)$$

$$= D_r.D_w + R_r.R_w + A_r.A_w + S_r.S_w + T_r.T_w + I_r.I_w + C_r.C_w$$

Onde,

D_r, R_r, A_r, S_r, T_r, I_r, e C_r são as classificações, e D_w, R_w, A_w, S_w, T_w, I_w, e C_w são os pesos.

No presente estudo, o índice DRASTIC foi classificado em quatro classes: Baixa, Moderada, Alta e Muito alta, dependendo do valor do índice. Um índice numérico elevado é indicativo de uma área geográfica que é suscetível de ser vulnerável ou muito vulnerável à contaminação das águas subterrâneas. A Fig. 5.2 mostra os resultados do DRASTIC para a sub-bacia de Kharun.

A seleção das ponderações e a classificação são discutidas a seguir:

Peso

Cada fator DRASTIC foi avaliado em relação aos outros para determinar a importância relativa de cada fator. A cada fator DRASTIC foi atribuído um peso relativo padrão que varia de 1 a 5 no Quadro 4.2. Os factores mais significativos têm pesos de 5; os menos significativos, um peso de 1. Este exercício foi realizado pelo comité utilizando uma abordagem Delphi (consenso) (US EPA, 1987). Estes pesos são uma constante e não podem ser alterados.

Tabela 4.2: Peso padrão para os parâmetros

S. Não.	Parâmetro	Peso
1	Profundidade da água	5
2	Recarga líquida	4
3	Meio Aquífero	3
4	Meios de solo	2
5	Topografia (declive)	1
6	Impacto dos meios da zona vadosa	5
7	Condutividade hidráulica	3

Classificação

Cada intervalo para cada fator DRASTIC foi avaliado em relação aos outros para determinar a importância relativa de cada intervalo no que diz respeito ao potencial de poluição. Com base nos gráficos (ou na gama analítica), foi atribuída uma classificação a cada gama para cada fator DRASTIC, que varia entre 1 e 10 no Quadro 4.3. Aos factores D, R, A, T e C foi atribuído um valor por gama. A S e a I foi atribuída uma classificação "típica" e uma classificação variável. A classificação variável permite ao utilizador escolher um valor típico ou ajustar o valor com base em conhecimentos mais específicos ou utilizando uma tabela padrão.

Tabela 4.3: Classificação dos parâmetros de camada da sub-bacia de Kharun

Parâmetro DRASTIC	Gama	Classificação
Profundidade do lençol freático (em metros)	< 1.5	10
	1.5 - 3	8
	3.0 - 4.5	6
	4.5 - 6	4
	> 6	2

Recarga líquida (em mm./ano)	< 100	3
	100 - 150	4
	150 - 200	5
	200 - 250	6
	> 250	10
Intervalo de rendimento **do meio aquífero** LPM (Litro por minuto)	< 50	1
	50-100	2
	100-200	3
	200-400	5
	400-800	10
Meio do solo (tipo de solo)	Barro argiloso	2
	Solo negro argiloso,	3
	Argila arenosa	5
	Argila arenosa	6
Topografia (declive percentual)	<4.44	10
	4.45 - 8.88	8
	8.89 - 13.32	6
	13.33 - 17.75	4
	17.76 - 22.19	2
Impacto da zona vadosa (Geologia)	Aluvião, laterita	7
	Calcário e dolomite	6
	Xisto com calcário e dolomite, Arenito, xisto, Arenito	5
	Granito	1
Condutividade (hidráulica) gama de rendimento LPM (Litros por minuto)	<50	1
	50-100	2
	100-200	3
	200-400	5
	400-800	10

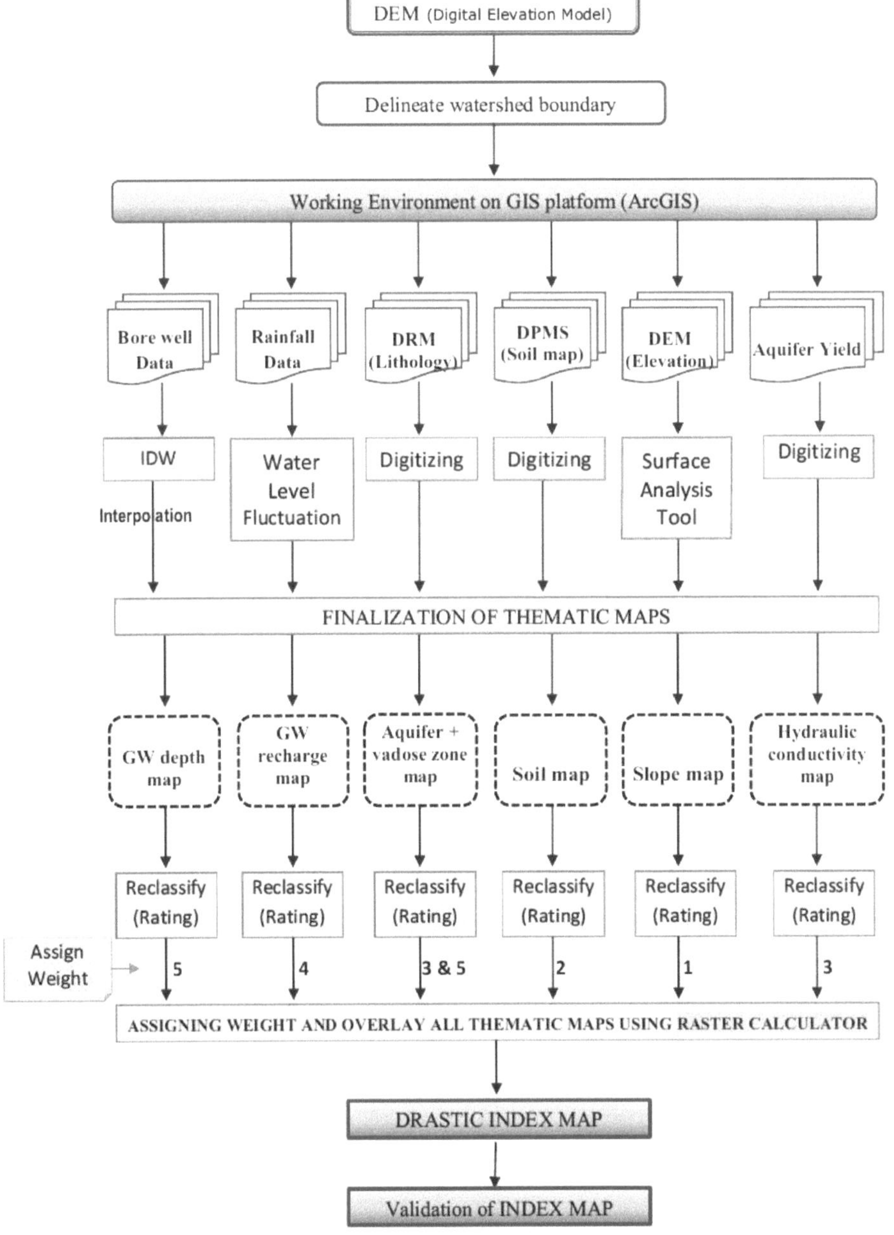

Fig 4.6: Fluxograma de procedimentos para o desenvolvimento do mapa DRASTIC INDEX

4.5 Conceção da base de dados geográfica

A conceção de um SIG envolve a organização da informação geográfica numa série de temas de dados como camadas que podem ser integradas utilizando a localização geográfica. Assim, faz sentido que a conceção de uma base de dados geográfica comece por identificar os temas de dados a utilizar, especificando depois o conteúdo e a representação de cada camada temática.

Este trabalho começa com a criação de uma base de dados para a avaliação quantitativa da vulnerabilidade, incluindo: dados de topografia, geologia e hidrologia. O SIG é utilizado para converter estes mapas em modo raster. A conversão consiste na fragmentação de um mapa numa série de pixéis com tamanho definido (100x100 m). A cada pixel é atribuído um valor numérico. A grelha resultante corresponde a um suporte para os sete parâmetros DRASTIC. Assim, a vulnerabilidade é calculada para cada pixel, o que implica uma resolução elevada. O SIG é também utilizado para gerar o mapa de vulnerabilidade das águas subterrâneas através da sobreposição dos sete mapas temáticos. A Fig. 4.6 resume as técnicas de pré-processamento e de manipulação do SIG utilizadas para criar as sete camadas de dados de entrada para o índice DRASTIC.

4.6 Preparação das camadas de parâmetros

Neste capítulo, os mapas necessários para o índice DRASTIC incluem a profundidade do aquífero, a recarga líquida, o meio aquífero, o meio do solo, a topografia (declive), o impacto da zona vadosa e a condutividade hidráulica. Isto é conseguido no ArcGIS através da definição hidro-geológica de todos os parâmetros (Anexo I) utilizando a ferramenta de sobreposição e a ferramenta Raster Calculator. Por defeito, o ficheiro de saída é direcionado para uma pasta temporária. Para gerar um ficheiro de saída permanente, é necessário indicar o caminho completo da pasta do espaço de trabalho, juntamente com o nome pretendido para o ficheiro de saída. Os resultados obtidos através da análise dos dados são apresentados e discutidos nesta secção.

4.6.1. Delineação dos limites da bacia hidrográfica

Um tipo específico de dados raster, denominado modelo digital de elevação (DEM), é utilizado para modelar o terreno complexo da sub-bacia de Kharun. A resolução do tamanho da célula do DEM é de 90 m X 90 m. Cada célula da grelha DEM contém um valor correspondente à sua elevação efectiva no mundo real. O DEM serve como entrada principal para o cálculo da topografia ou declive. A determinação da direção do fluxo a partir do DEM é o primeiro passo para delinear os limites da bacia hidrográfica. Uma bacia hidrográfica é delineada pelo ArcGIS utilizando um DEM da área como entrada. O procedimento requer que os buracos ou depressões sejam preenchidos de modo a que os limites sejam corretamente delineados. A função *FLOW DIRECTION (direção do fluxo)* é executada. Conceptualmente, esta função define a direção em que a água fluiria de cada célula da grelha, assumindo que a superfície é impermeável. O resultado da função *DIRECÇÃO DO FLUXO* serve então de entrada para o passo seguinte.

A função *ACUMULAÇÃO DE CAUDAL* define a rede de drenagem calculando a contribuição de cada célula para as células vizinhas. Conceptualmente, cada célula contribuirá com um valor de um para a célula vizinha mais próxima ao longo da direção da descida mais acentuada. Os valores aumentarão aditivamente ao longo da direção da descida mais íngreme. As células com valores elevados de acumulação de caudal estão normalmente localizadas onde se encontram ribeiros ou rios. Se for escolhido um ponto de escoamento específico ao longo da rede de acumulação de caudal, todas as células a montante que contribuem com caudal para esse ponto são identificadas como estando dentro da bacia hidrográfica. Este ponto específico é designado por ponto de descarga e é geralmente colocado nas intersecções de dois rios ou no escoadouro.

O passo final é executar a função *WATERSHED* no ArcGIS para delinear automaticamente o limite da bacia hidrográfica. Uma vez delineado o limite da bacia hidrográfica a partir do DEM original, o ficheiro de dados de saída pode ser utilizado como modelo para cortar ou extrair a área exacta de outros mapas digitais. O DEM delineado da sub-bacia de Kharun serve como modelo de base para os cálculos do DRASTIC INDEX.

Processo pormenorizado de delimitação dos limites da bacia hidrográfica

> Configurar o ambiente de trabalho do ArcGIS

> Preencher o Modelo Digital de Elevação

> Abrir a janela da caixa de ferramentas do ArcGIS

> **Ferramenta de análise espacial** > **Hidrologia**

> *Preencher pequenos sumidouros no Modelo Digital de Elevação*

> Abrir a ferramenta de preenchimento, definir o raster da superfície de entrada como Modelo de elevação digital

> Definir a localização da saída

> Quando a ferramenta Preencher estiver concluída, será adicionada uma nova camada ao mapa.

> Remover a camada antiga.

<u>Criar direção do fluxo</u>
> *A direção do fluxo deve ser conhecida para cada célula, porque é a direção do fluxo que determina o destino final da água que atravessa a superfície.*

> Abrir Spatial Analyst Tool>Hydrology>Flow Diretion

> A superfície de entrada é um DEM de preenchimento

> Selecionar o local de saída

> Clique em OK

> Uma nova camada de direção do fluxo será adicionada ao mapa

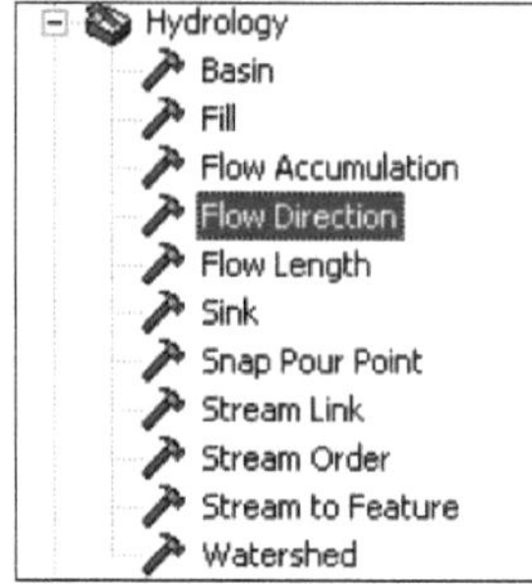

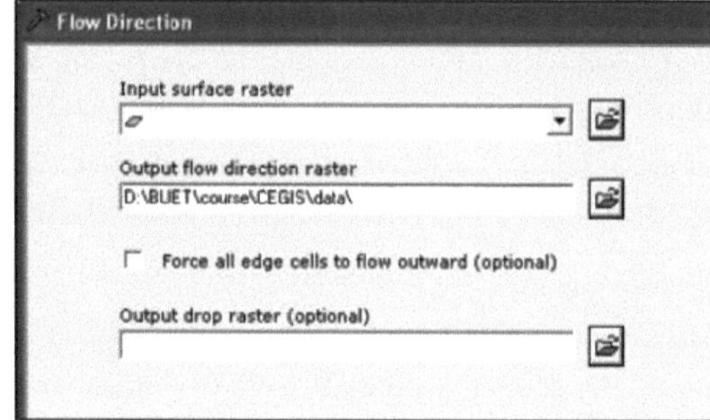

<u>Criar acumulação de fluxos</u>

> *A ferramenta Flow Accumulation (Acumulação de caudal) calcula o caudal em cada célula através da acumulação das células que fluem para cada célula a jusante.*

> Abrir Spatial Analyst Tool>Hydrology>Flow Accumulation

> A varredura da superfície de entrada é a direção do fluxo

> Selecionar o local de saída

> Clique em Ok

> Uma nova camada de acumulação de fluxo é adicionada ao mapa

> A nova camada de acumulação de fluxo foi adicionada ao seu mapa.

> *Pode parecer muito escuro e difícil de interpretar. Cada célula contém um valor que representa o número de células a montante dessa célula. As células com valores mais elevados tendem a estar localizadas em canais de drenagem e não em encostas ou cumes. Simbolize a camada de acumulação de caudal para tornar estas diferenças claras. Sem cor para a primeira classe e com cor vermelha para a segunda classe.*

> Clicar com o botão direito do rato na camada de acumulação de fluxo >Propriedades >Simbologia >Classificado. *Se for solicitado o cálculo do histograma,* clique em sim

> Altere a simbologia fazendo duplo clique em cada uma das amostras de cor sob símbolo e selecionando essas cores.

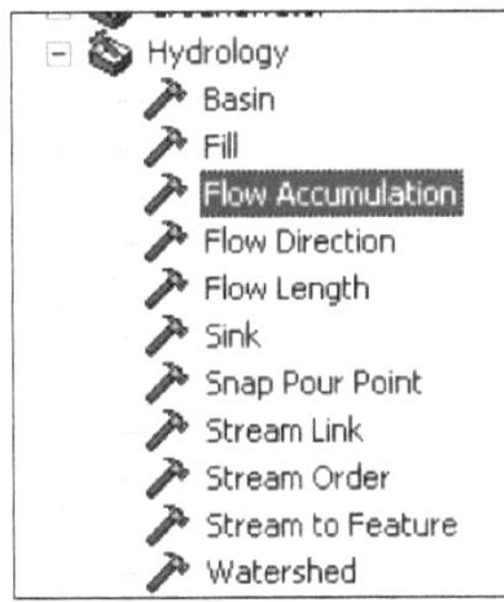
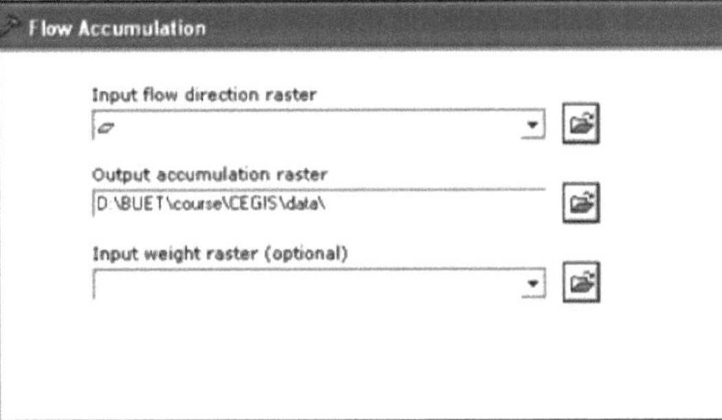

<u>Criar pontos de descarga da bacia hidrográfica</u>

> *Cada bacia hidrográfica tem um ponto de descarga designado por "Pour Point". Os pontos de descarga devem estar localizados em células de elevado caudal acumulado.*

> Criar um novo ficheiro de forma para armazenar um ponto de fluidez

> No ArcMAP

→ abrir a janela do catálogo

→ Criar um novo ficheiro de forma

→ Introduzir o nome do ficheiro de forma

→ Definir tipo de caraterística para ponto

→ Clique em editar

→ Importação

→ selecionar preencher DEM (referência espacial ao novo ficheiro de forma)

→ ok.

> Barra de ferramentas>editor>iniciar a edição>adicionar ponto de projeção clicando na célula vermelha

Delinear a bacia hidrográfica

> Analista espacial aberto

→ Hidrologia

→ Bacia hidrográfica

→ Taxa de direção do fluxo de entrada

→ Dados de entrada de pontos de vazamento de caraterísticas

→ Selecionar o local de saída

$\rightarrow$ Novo raster de bacia hidrográfica adicionado ao mapa

$\rightarrow$ ArcToolbar

$\rightarrow$ Ferramentas de conversão

$\rightarrow$ de raster para polígono

$\rightarrow$ definir a localização da saída

$\rightarrow$ ok.

Um diagrama processual da delimitação da bacia hidrográfica no ArcGIS é explicado na Fig. 4.7 e o resultado da delimitação da bacia hidrográfica é apresentado na Fig. 4.8.

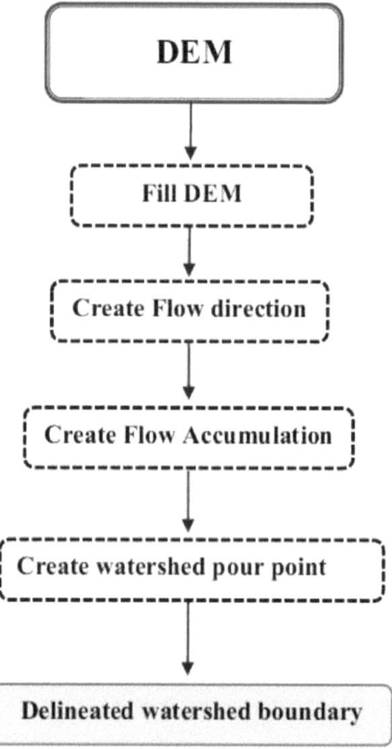

Fig. 4.7: Delineação dos limites da bacia hidrográfica

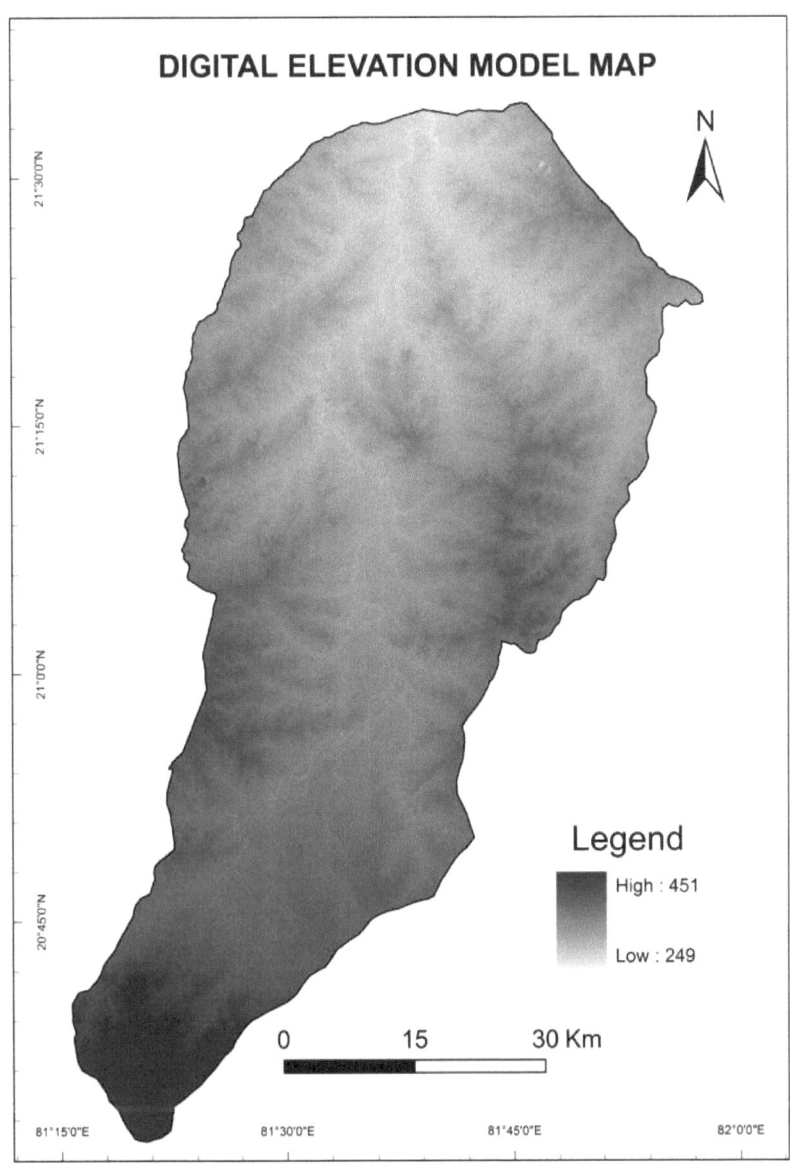

Fig. 4.8: Modelo digital de elevação da bacia hidrográfica

4.6.2 Profundidade do lençol freático

A profundidade do lençol freático é um dos factores mais importantes porque determina a espessura do material através do qual a água infiltrada tem de passar antes de atingir o aquífero, que é a zona saturada. Pode ajudar a determinar a duração provável do contacto dos poluentes com os meios circundantes. Em geral, existe uma maior probabilidade de atenuação à medida que a profundidade da água aumenta, permitindo assim tempos de deslocação mais longos (Aller et al., 1987). A proteção potencial do aquífero aumenta com a profundidade da água. Os dados dos furos foram recolhidos no Departamento de Recursos Hídricos, Divisão de Geo-Hidrometrologia n.º 8, Raipur. Os dados de 7 anos (2006-2012) dos poços (Anexo-II) são utilizados para o estudo, em vez de considerar separadamente os dados das estações pré-monção e pós-monção, o valor médio do lençol freático é utilizado para este estudo.

Estes dados pontuais foram interpolados utilizando o método IDW (Inverse Distance weight) no software ArcGIS e divididos em cinco categorias (Fig. 4.9) de acordo com EPA/600/2-87/035 (Aller et al., 1987). Posteriormente, os dados convertidos como DEM são utilizados para operações adicionais de ponderação e classificação. O intervalo de profundidade do lençol freático, a classificação DRASTIC, o peso e o índice resultante são apresentados na Tabela 4.4. As áreas com lençóis freáticos elevados são vulneráveis porque os poluentes têm de percorrer distâncias curtas antes de entrarem em contacto com as águas subterrâneas. Assim, quanto mais profundo for o lençol freático, menor será o valor da classificação.

Tabela 4.4: Profundidade do lençol freático (Dw = 5)

Nível da água (metro)	Classificação (Dr)
< 1.5	10
1.5 - 3	8
3.0 - 4.5	6
4.5 - 6	4
> 6	2

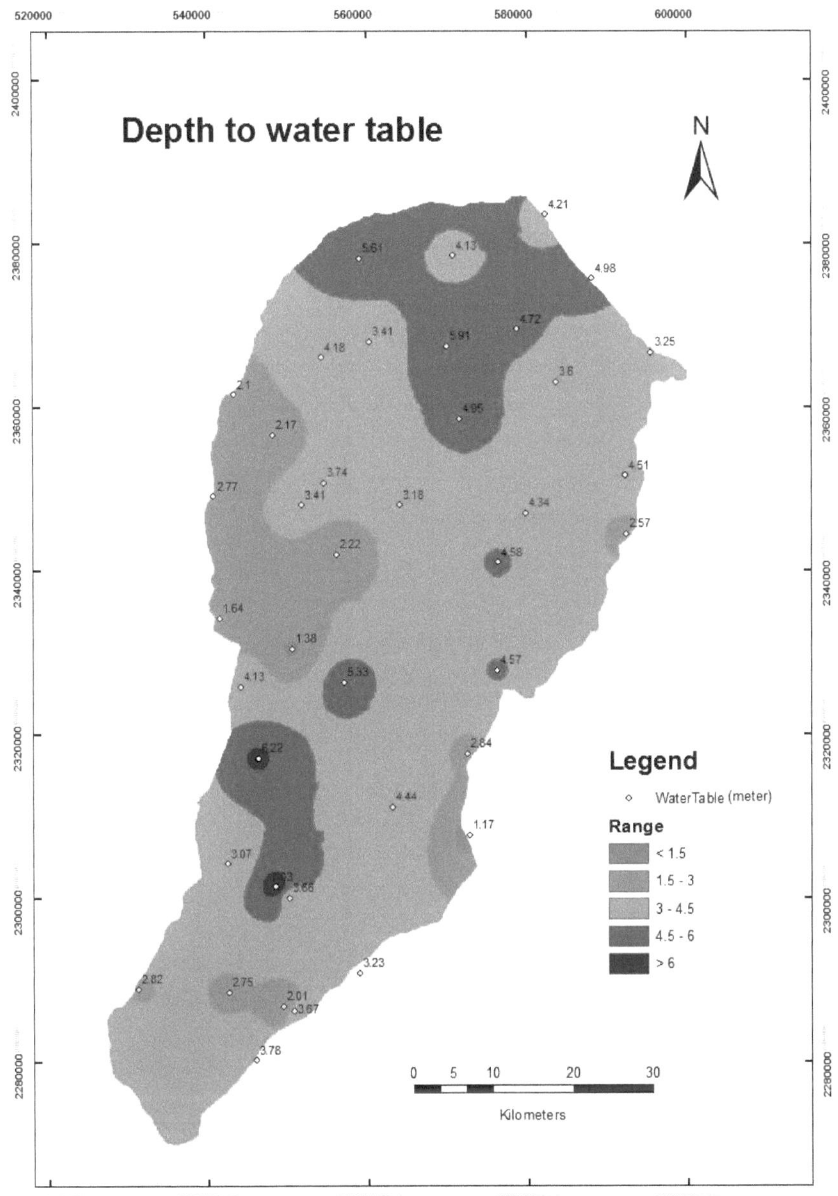

Fig. 4.9: Mapa de profundidade das águas subterrâneas da sub-bacia de Kharun

4.6.3 Recarga líquida

O lençol freático pode ser recarregado por duas fontes: em primeiro lugar, a água da chuva e, em segundo lugar, outras fontes, como a infiltração de estruturas que contêm água, etc., embora a maior contribuição venha da água da chuva. Parte da água da chuva, que cai no solo, é infiltrada no solo. Esta água infiltrada é utilizada em parte para preencher a deficiência de humidade do solo e parte dela é percolada para baixo, atingindo o lençol freático. Este fenómeno da água que atinge o lençol freático é conhecido como a recarga do aquífero pela água da chuva. A recarga devido à precipitação depende de vários factores hidrometeorológicos e topográficos, das caraterísticas do solo e da profundidade do lençol freático. O método WLF é geralmente utilizado para avaliar os recursos hídricos subterrâneos:

Método da flutuação do nível da água (WLF)

O Método da Flutuação do Nível da Água baseia-se no conceito de alteração do armazenamento devido à diferença entre os vários componentes de entrada e saída. A entrada refere-se à recarga da precipitação e de outras fontes e ao fluxo subsuperficial para a unidade de avaliação, enquanto que a saída se refere à corrente de água subterrânea, à evaporação da água subterrânea, ao fluxo de base para os cursos de água e ao escoamento subsuperficial da unidade. Neste método, a tarefa mais difícil é estimar o influxo e o efluxo da área a partir das regiões a montante e a jusante ou de outras bacias ou a percolação profunda para outros aquíferos que contribuem para outras bacias mais a jusante.

Por este método de calcular estimativas aproximadas de recarga a partir da precipitação, é necessário calcular a subida média do nível freático durante o período imediatamente antes e depois da estação das chuvas. A recarga pode ser calculada utilizando a seguinte fórmula:

$$R_r = h_e \cdot S_y \cdot A$$

Onde,

R_r = Recarga bruta

h_e = subida média do nível freático

S_y = rendimento específico

A = área

Neste caso, a subida do lençol freático causada por outros factores é considerada negligenciável e rejeitada. O valor do rendimento específico pode ser determinado através de um ensaio de bombagem.

Método de cálculo da recarga

Neste método, a recarga é avaliada adoptando as recomendações do GEC-97 (CGWB, 2009). A avaliação das águas subterrâneas nas áreas de comando e não comando é efectuada separadamente para as estações de monção e não monção e os dados são fornecidos no Anexo III.

A recarga anual total de águas subterrâneas da zona é a soma total da recarga da estação das monções e da estação não monçónica. É tida em conta a descarga natural na estação não monçónica, deduzindo 5% da recarga anual total de águas subterrâneas. O balanço das águas subterrâneas disponíveis tem em conta as actuais captações de água subterrânea para várias utilizações e o potencial de desenvolvimento futuro. Esta quantidade é designada por disponibilidade líquida de água subterrânea.

$$\textbf{Net Ground Recharge} = \text{Annual Ground Water Recharge} - \text{Natural Discharge During Non-monsoon season}$$

Aplicando o método WLF, verifica-se que a recarga anual máxima é máxima para o bloco Balod (250,025 mm/ano) e mínima para uma parte do bloco Durg (96,725 mm/ano) na Fig. 4.10 calculada pelo Central Ground Water Board, Raipur (Anexo III). A camada para a recarga líquida é preparada no software ArcGIS aplicando o valor de recarga por bloco e as categorias como 5 zonas em que a classificação máxima é 10 para >250 mm/ano e a mínima é 3 para <100 mm/ano, como mostra a Tabela 4.5.

Tabela 4.5: Recarga líquida (Rw = 4)

Recarga (mm./ano)	Classificação (Rr)
< 100	3
100 - 150	4
150 - 200	5
200 - 250	6
> 250	10

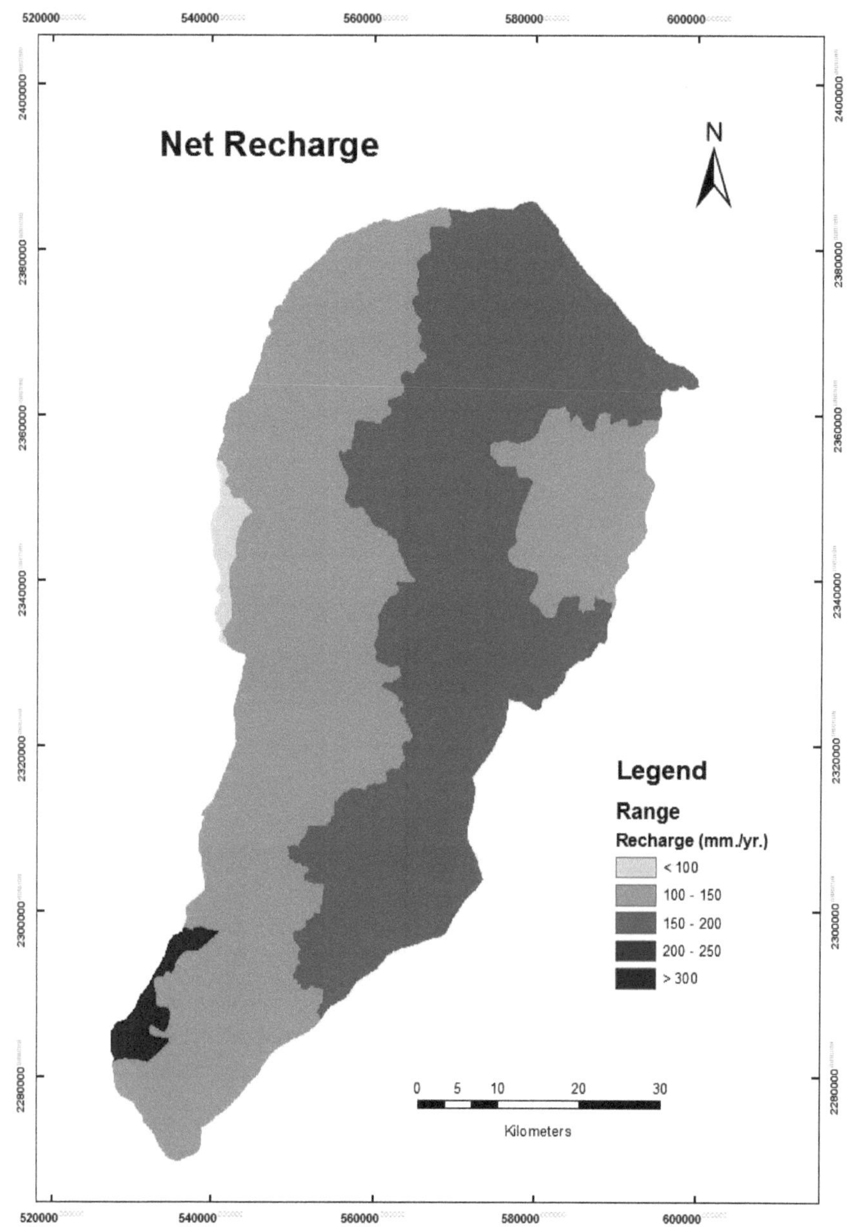

Fig. 4.10: Mapa de recarga líquida

4.6.4 Meio aquífero

O meio aquífero refere-se às rochas consolidadas e não consolidadas, que servem de armazenamento de água.

54

O aquífero é definido como uma formação rochosa que produzirá quantidades suficientes de água para utilização. Os aquíferos pouco profundos ocorrem a uma profundidade de 50 m da superfície terrestre (Rahman, 2008). Foi elaborado um mapa dos meios aquíferos a partir dos dados de registo dos poços (Fig. 4.11) e dos mapas geomorfológicos e topográficos (Anexo IV). Mesmo numa área pequena, a natureza e a extensão da meteorização variam muito e dependem sobretudo da fracturação subsuperficial e das caraterísticas geomorfológicas. A produção de água subterrânea depende do tamanho e da interconectividade da porosidade secundária, ou seja, das fracturas. No modelo (Aller et al., 1987), as propriedades materiais da zona saturada foram consideradas como o parâmetro do modelo do meio aquífero, mas neste caso foi considerada a produção de 151 poços existentes na área. A sua gama varia de 10 LPM a 800 LPM. O rendimento do poço é sugestivo da permeabilidade da zona saturada; portanto, quanto maior o rendimento, maior é a permeabilidade. Na análise do modelo DRASTIC, o rendimento mais elevado foi classificado como mais elevado do que o menos elevado, como mostra a Tabela 4.6.

Tabela 4.6: Meios aquíferos (Aw = 3)

Intervalo de rendimento do aquífero LPM (Litros por minuto)	Classificação (Ar)
< 50	1
50-100	2
100-200	3
200-400	5
400-800	10

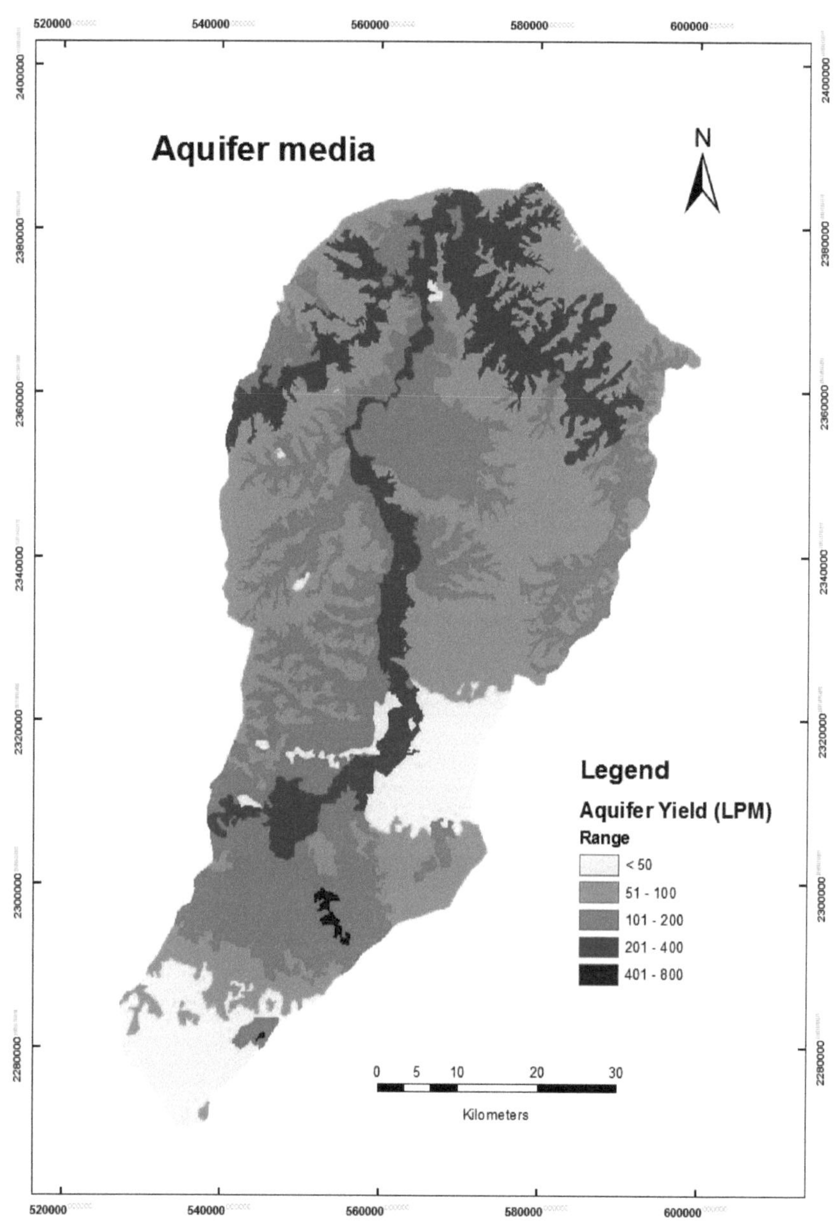

Fig. 4.11: Mapa do meio aquífero

4.6.5 Meios de solo

O facto de o solo ser o topo da zona não saturada que cobre o aquífero é um dos factores importantes para a determinação da zona de poluição das águas subterrâneas. É a natureza da porosidade e da permeabilidade do solo que determina a taxa de infiltração no aquífero. Existem quatro tipos de solo: argiloso, preto argiloso, argilo-arenoso e franco-arenoso, presentes na área indicada no Anexo VI. A classificação baseia-se no sistema de classificação dos solos agrícolas do USGS, apresentado no Anexo-V. A maior parte da área (cerca de 2396 km2) é coberta por solo preto argiloso e está presente em todo o centro e na margem norte, enquanto a argila arenosa está presente em menor extensão, cobrindo uma área de 103 km2 (Fig. 4.12). Com base na presença de argila (Aller et al., 1987), a sua classificação foi atribuída (Quadro 4.7) porque reduz a permeabilidade do solo e a taxa de infiltração de solventes.

Tabela 4.7: Meios do solo (Sw = 4)

Tipo de solo	Classificação (Sr)
Barro argiloso	2
Solo negro argiloso,	3
Argila arenosa	5
Argila arenosa	6

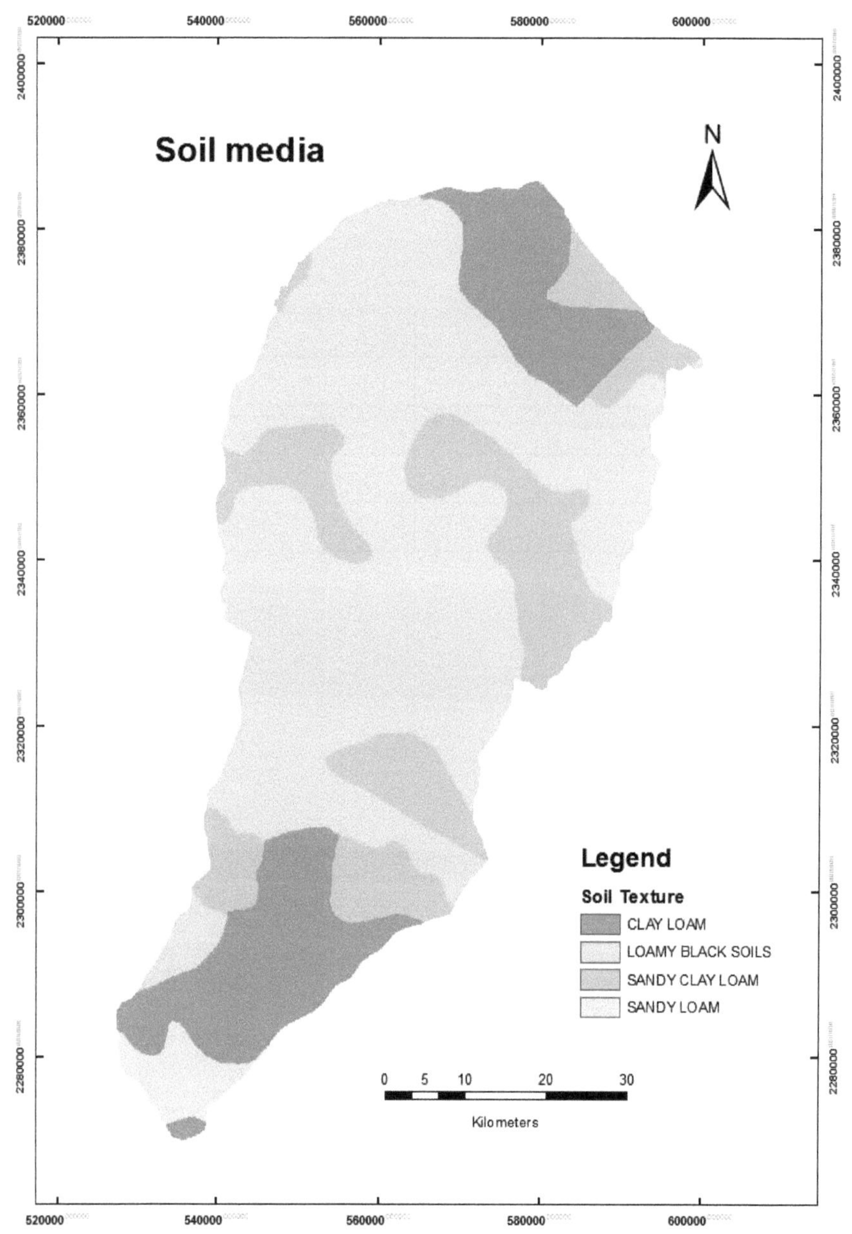

Fig. 4.12: Mapa do meio do solo

4.6.6 Topografia (declive)

A topografia refere-se ao declive de uma área. As áreas com baixa inclinação tendem a reter a água durante um período de tempo mais longo. Isto permite uma maior infiltração ou recarga de água e um maior potencial de migração de contaminantes. As zonas com declives acentuados, com grandes quantidades de escoamento superficial e menores quantidades de infiltração, são menos vulneráveis à contaminação por GW. As regiões de topografia consistentemente baixa são vulneráveis, uma vez que a água pode acumular-se e infiltrar-se na subsuperfície nestas áreas. O modelo digital de elevação (DEM), descarregado do SRTM (shuttle radar topographic mission) foi utilizado para extrair o declive da área de estudo. Dentro da área de estudo, a maioria das regiões tem um declive suave, tendo sido mapeados declives suaves entre 0-22,19%. A elevação da sub-bacia de Kharun é geralmente de 249-285 m. e o declive é quase de 0-5%.

Tabela 4.8: Topografia (Tw = 1)

% de declive	Elevação (m.)	Classificação (Tr)
< 4.44	249-284	2
4.45 - 8.88	285-304	4
8.89 - 13.32	305-331	6
13.33 - 17.75	332-380	8
17.76 - 22.19	381-451	10

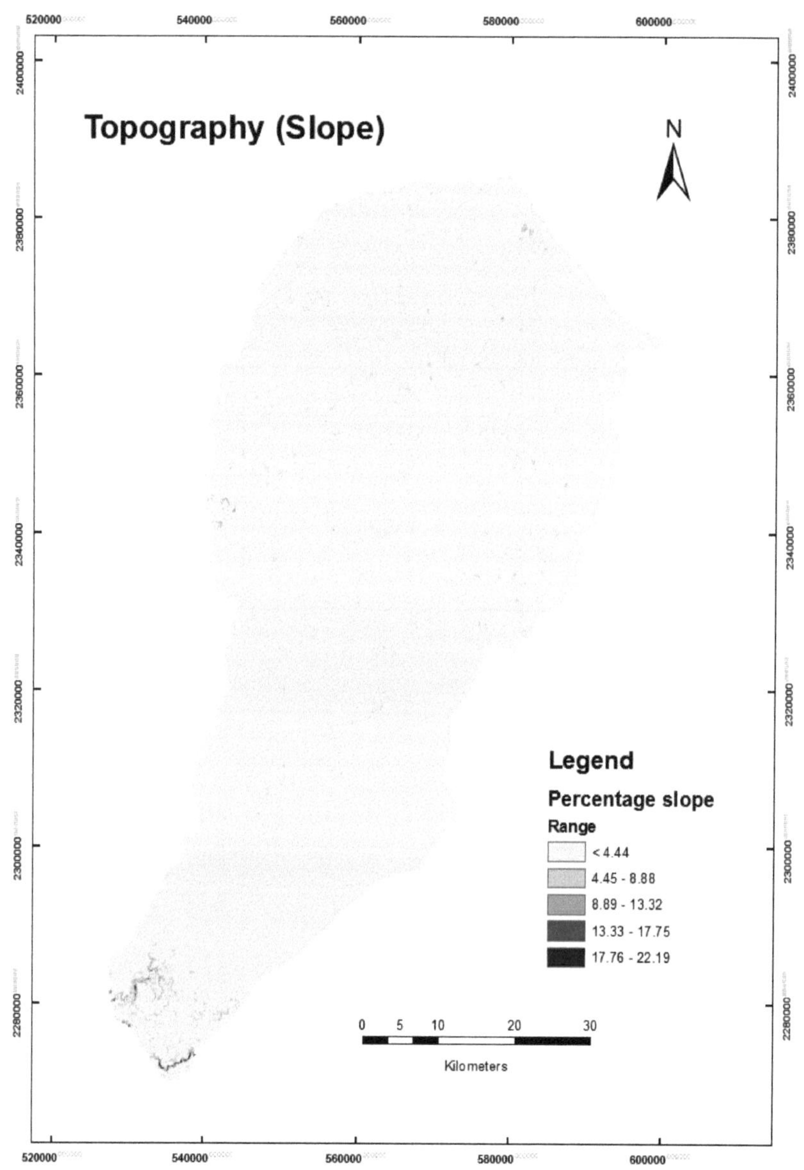

Fig. 4.13: Mapa de inclinação percentual

4.6.7 Impacto da zona vadosa

A zona não saturada acima do nível freático é designada por zona vadosa. Esta controla a passagem e a atenuação do material contaminado para a zona saturada. Será utilizada a camada que mais restringe o fluxo de água. Isto significa que a atenuação das águas subterrâneas se deve à porosidade do meio; em função desse

60

fator, será decidida a classificação.

O impacto da zona vadosa foi obtido utilizando um mapa geológico do subsolo e perfis de perfuração da sub-bacia de Kharun (Fig. 4.14). O mapa geológico de subsuperfície foi importado em formato digital do C COST, Raipur (Anexo-VII), geo-referenciado e digitalizado no ecrã para criar uma representação das diferentes unidades geológicas. As secções geológicas foram depois utilizadas para codificar as unidades geológicas de acordo com o sistema de classificação do modelo DRASTIC. Aos meios grosseiros (saturados ou insaturados) foi atribuído um valor de classificação elevado em comparação com os tipos de meios finos.

Quadro 4.9: Impacto da zona vadosa (Iw = 5)

Meio vadoso	Classificação (Ir)
Aluvião	7
Laterite	7
Calcário e dolomite	6
Xisto com calcário e dolomite	5
Arenito	5
Xisto	5
Arenito	5
Granito	1

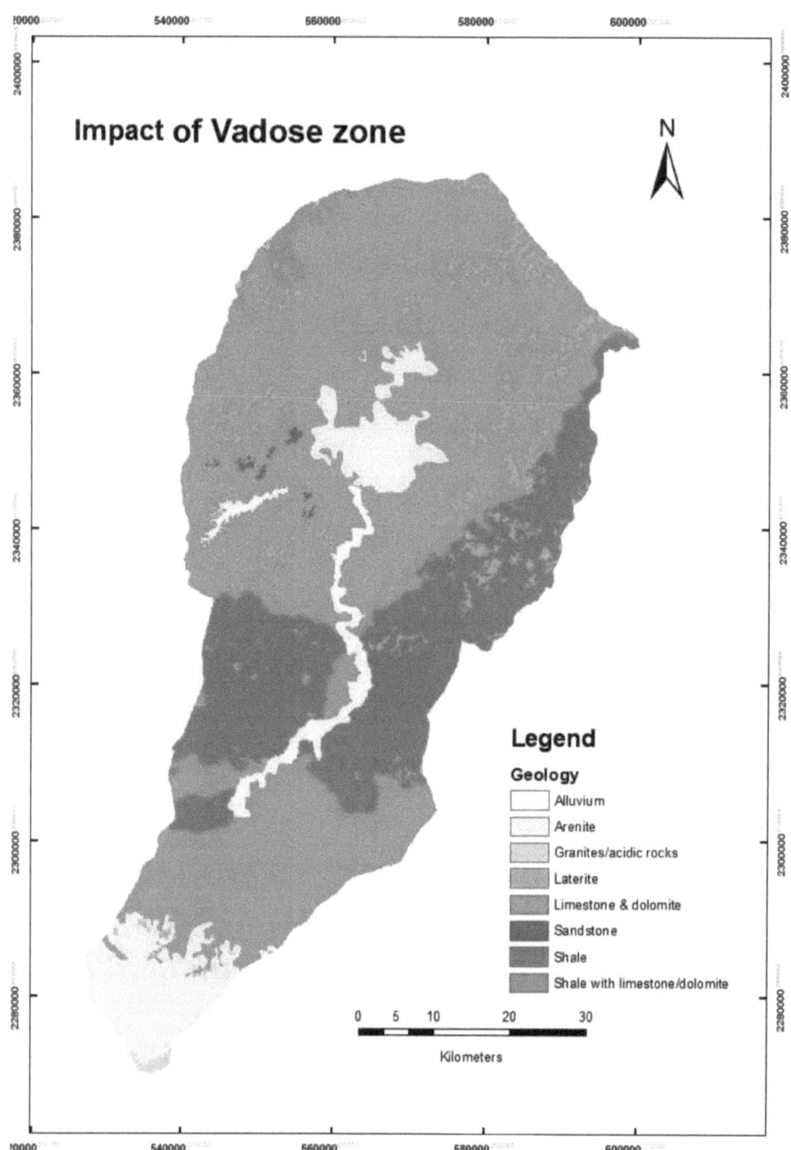

Fig. 4.14: Impacto do mapa da zona vadosa

4.6.8 Condutividade hidráulica

A condutividade hidráulica é a capacidade do aquífero para transmitir água. Controla a taxa de movimento e dispersão de contaminantes a partir do ponto de injeção. A condutividade hidráulica é também designada por coeficiente de permeabilidade (P.Jaya Rami Reddy, 2011). No ensaio de bombagem, o rendimento do poço é sugestivo da permeabilidade da zona saturada, ou seja, quanto maior for a permeabilidade, maior será o rendimento. A relação mostra uma proporcionalidade relativa entre a permeabilidade e o rendimento. *A justificação teórica desta relação é a lei de Darcy, que afirma que "A taxa de fluxo por unidade de área de um aquífero é proporcional ao gradiente da cabeça potencial medida na direção do fluxo"* (P.Jaya Rami Reddy, 2011).

$$v = -K \frac{dh}{dl} \quad \text{e} \quad Q = -K \frac{dh}{dl}.A$$

onde,

v= velocidade de escoamento, K= coeficiente de permeabilidade ou condutividade hidráulica, dh/dl= gradiente, Q= descarga ou rendimento e A= área de escoamento.

Assim, o mapa do aquífero foi digitalizado e geo-referenciado espacialmente. Os valores de rendimento variam entre 10 LPM e 800 LPM (Fig. 4.15). Na análise do modelo DRASTIC, foi atribuída uma classificação mais elevada ao maior rendimento do que ao menor. Porque a condutividade hidráulica do solo determina a quantidade de água que percola para as águas subterrâneas através do aquífero. Para solos altamente permeáveis, o tempo de deslocação dos poluentes diminui dentro do aquífero.

Tabela 4.10: Condutividade hidráulica (Cw = 3)

Intervalo de rendimento do aquífero LPM (Litro por minuto)	Classificação (Cr)
<50	1
50-100	2
100-200	3
200-400	5
400-800	10

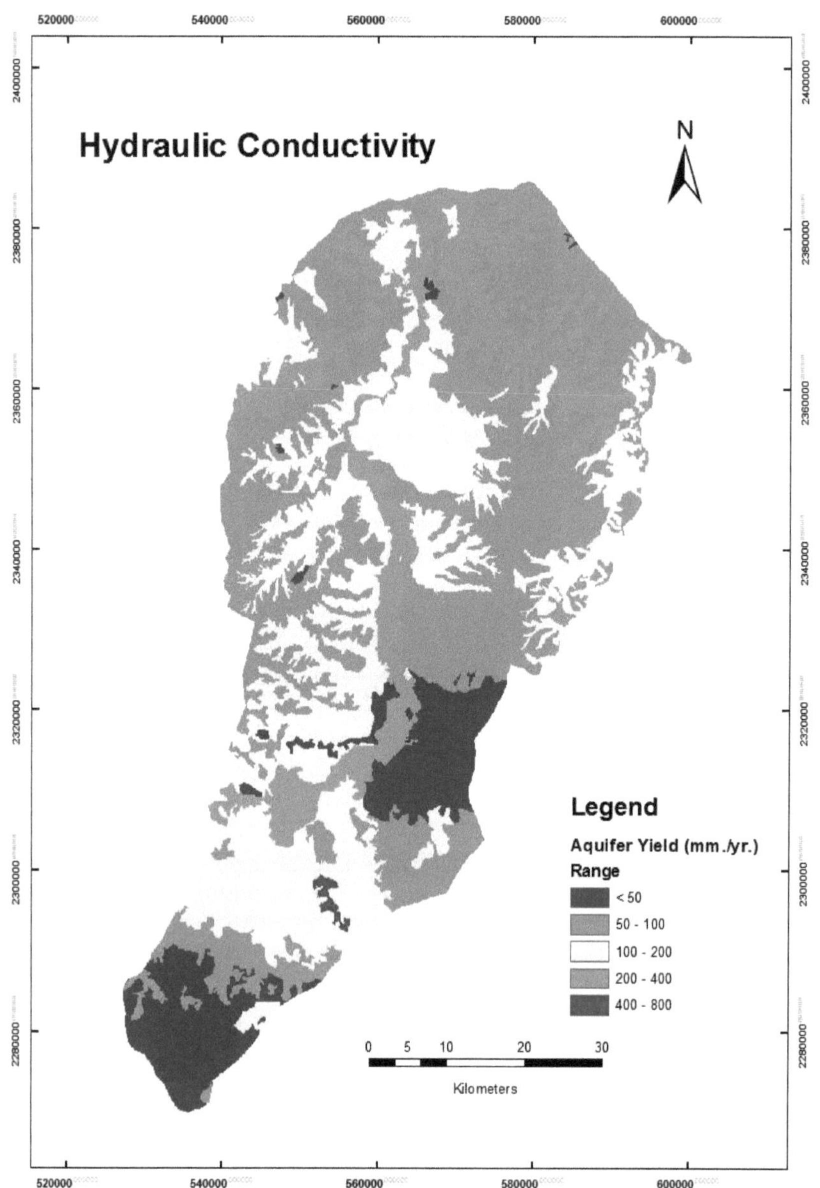

Fig. 4.15: Mapa de condutividade hidráulica

CAPÍTULO 5

5.1 Resultado do modelo DRASTIC

O índice de vulnerabilidade DRASTIC final é desenvolvido através da multiplicação dos ficheiros raster preparados (mapa de parâmetros) pelo seu peso. Todos os mapas de parâmetros Profundidade do lençol freático, Recarga líquida, Meio aquífero, Meio do solo, Topografia (declive), Impacto do meio da zona vadosa e Condutividade hidráulica são multiplicados na ferramenta de cálculo raster (Fig. 5.3) no ArcGIS, como se mostra na Fig. 5.1, e o mapa de saída é apresentado na Fig. 5.2.

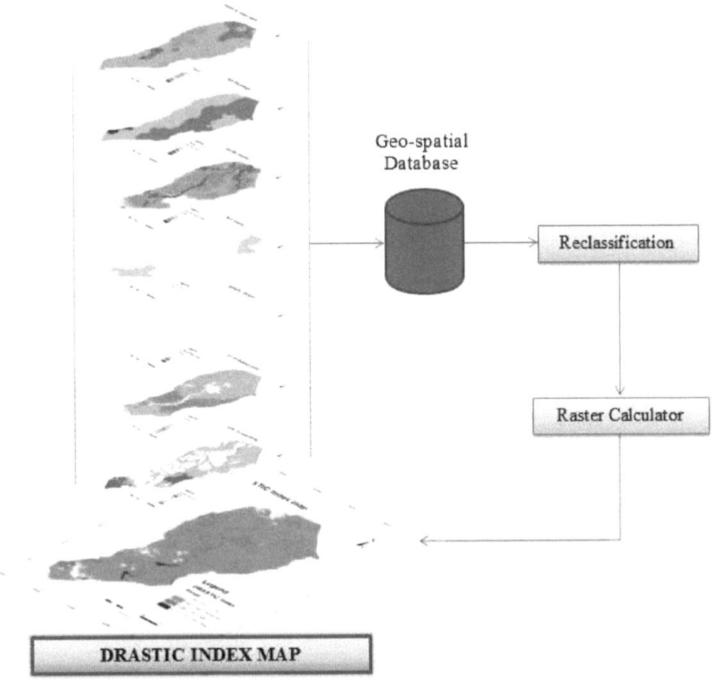

Fig. 5.1: Diagrama de fluxo da operação de sobreposição

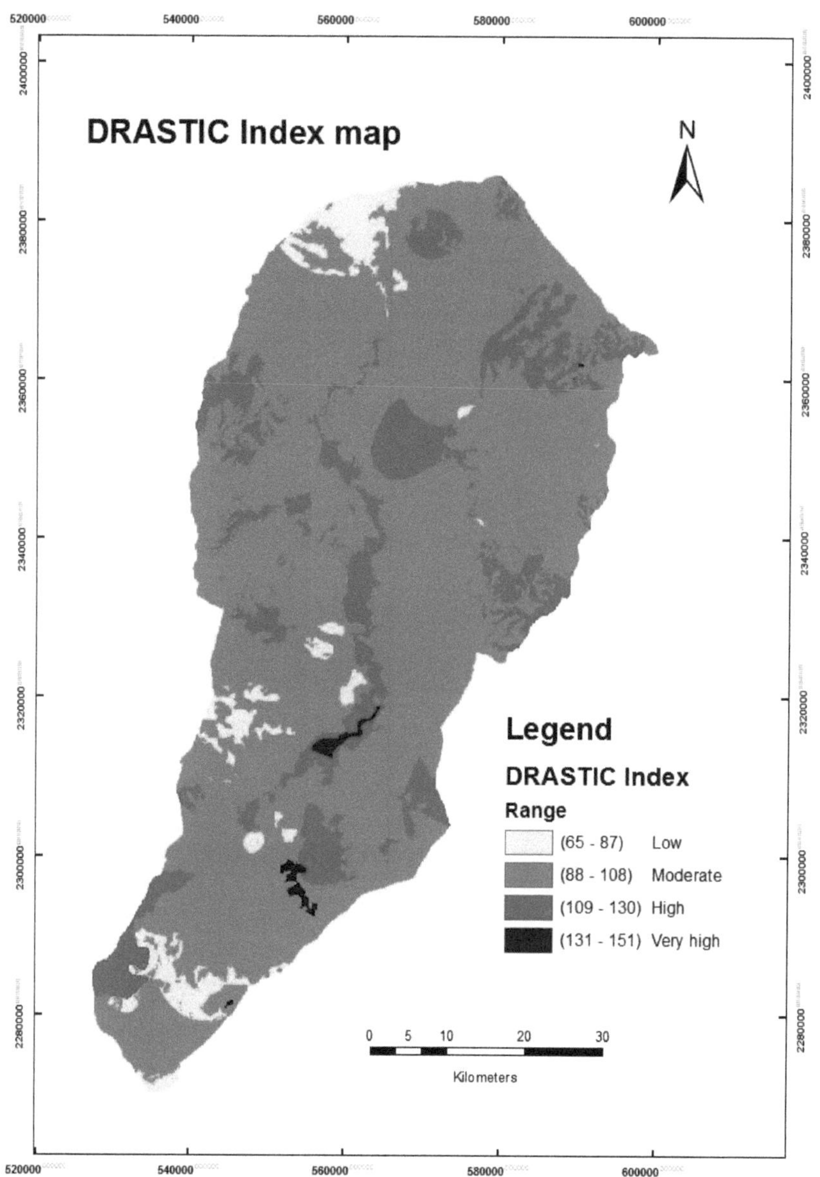

Fig. 5.2: Mapa do índice DRASTIC

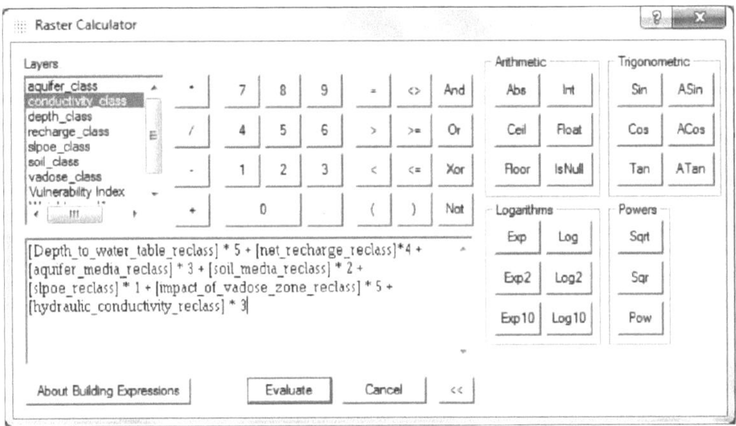

Fig. 5.3: Calculadora Raster

O índice DRASTIC calculado identifica as áreas que são provavelmente susceptíveis de contaminação das águas subterrâneas em relação umas às outras. O valor DRASTIC máximo normalizado é 151 e o mínimo é 65. Quanto mais elevado for o valor do índice DRASTIC, maior é o potencial relativo de contaminação das águas subterrâneas. Os valores do índice de vulnerabilidade DRASTIC variam entre 65 e 151, que são ainda classificados em quatro categorias de acordo com Foster et al, 2002: Baixa vulnerabilidade (65 - 87), Moderada (88 - 108), Alta (109 - 130) e Muito alta (131 - 151) na Fig. 5.4.

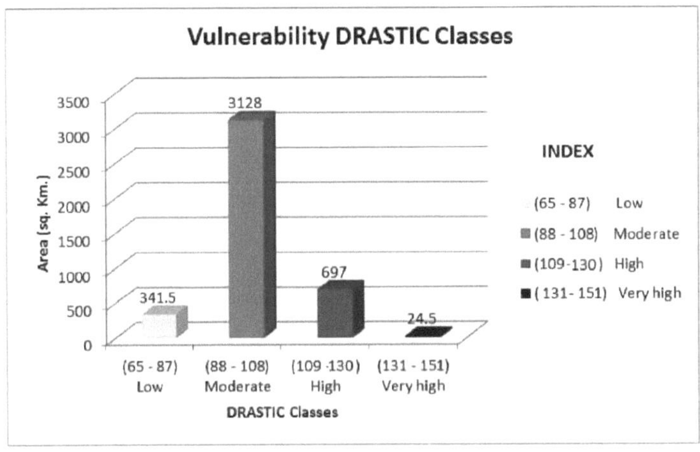

Fig. 5.4: Gráfico da classe de vulnerabilidade DRASTIC

5.2 Discussão

Os resultados mostraram que da área total de 4191 km2, uma área de cerca de 341,5 km2 (8,10%) situa-se na "zona de baixa vulnerabilidade" (Fig. 5.6) com um índice DRASTIC que varia entre 65 e 87, enquanto 3428 km2 (74,78%) estão localizados na "zona de vulnerabilidade moderada" com um índice DRASTIC que varia entre 88 e 108. O mapa de vulnerabilidade mostra que cerca de 16,61% da superfície total está classificada como tendo um elevado potencial de poluição e que cerca de 697 km2 se situam na "zona de vulnerabilidade elevada" com um índice DRASTIC que varia entre 109 e 130. Apenas 0,51%, ou seja, 24,5 km2 da zona de estudo, se situa na zona de potencial de poluição muito elevado (zona de vulnerabilidade elevada) com um índice DRASTIC que varia entre 131 e 151.

Este resultado mostra que mais de 80% (Tabela 5.2) da área está na zona de vulnerabilidade baixa e moderada. Por conseguinte, a sub-bacia do Kharun está em risco moderado em termos de potencial de poluição. Estas áreas estão principalmente no nordeste; parte central e sul da bacia. Os factores físicos, como o declive suave e o lençol freático pouco profundo, são os principais factores que apoiam as possibilidades de contaminação do aquífero pouco profundo.

Tabela 5.1: Definição de classe de vulnerabilidade (Foster et al, 2002)

Classe de vulnerabilidade	Definição correspondente
Baixa	Apenas vulneráveis a poluentes de conservação a longo prazo quando descarregados ou lixiviados de forma contínua e generalizada
Moderado	Vulnerabilidade a alguns poluentes, mas apenas quando descarregados ou lixiviados continuamente
Elevado	Vulnerabilidade à maioria dos poluentes da água (exceto os fortemente absorvidos ou facilmente transformados) em muitos cenários de poluição
Muito elevado	Vulnerabilidade à maioria dos poluentes da água com impacto rápido em muitos cenários de poluição

Tabela 5.2: Classes DRASTIC de vulnerabilidade

Gama	Classe	Percentagem da área	Área (km2)
65 - 87	Baixa	8.10	341.5
88 - 108	Moderado	74.78	3128
109 - 130	Elevado	16.61	697
131 - 151	Muito elevado	0.51	24.5
		Área total	**4191**

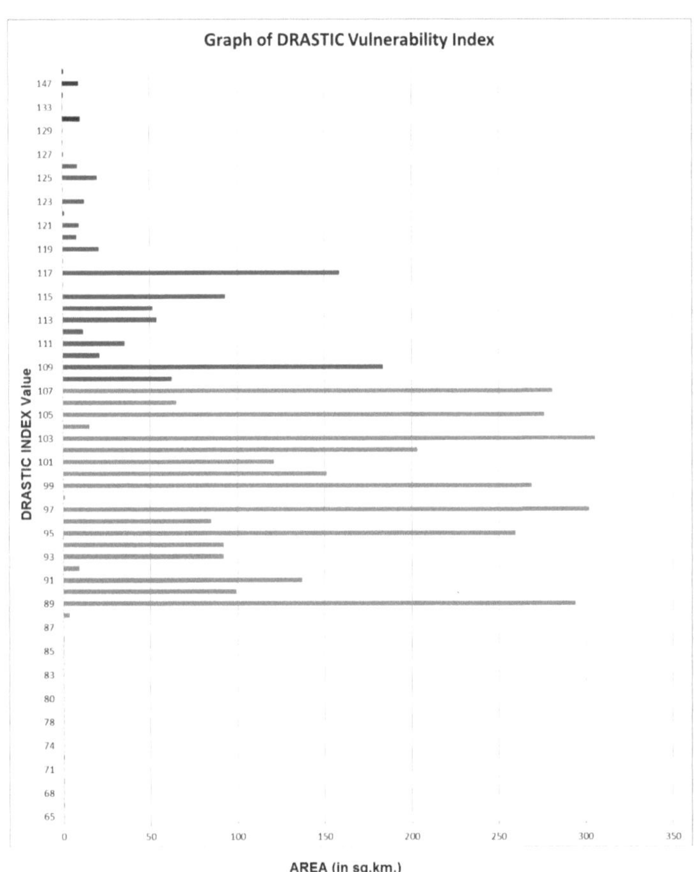

Fig. 5.5: Gráfico entre os valores do índice DRASTIC e a área correspondente

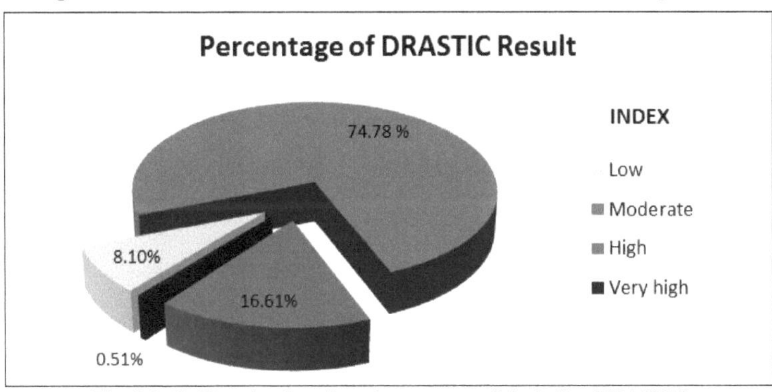

Fig. 5.6: Gráfico de pizza do valor percentual do índice DRASTIC

A "zona vulnerável alta" e "muito alta" é de aproximadamente 17,11%, mostrando o norte (alguma porção do bloco Tilda), sudeste e área central da sub-bacia de Kharun, que fica no bloco Tilda (Fig. 3.3) com alto valor de índice como 117 devido ao tanque Parsada (alta recarga e alto rendimento do aquífero), esta terra é terra agrícola com duas culturas temperadas, o que mostra a possibilidade de lixiviação de pesticidas utilizados na atividade agrícola e valor de índice muito alto como 131. Esta "zona de vulnerabilidade muito elevada" deve-se ao triturador de pedra em Dhansuli-1 e a fonte de água é o tanque de Pindraon, que serve para introduzir os contaminantes da zona de águas superficiais para a zona de águas subterrâneas. No bloco de Dharsiwa, o valor do índice de vulnerabilidade varia entre 103 e 125, devido à atividade agrícola nos arredores do rio Kharun, juntamente com as zonas de Patan, Abhanpur, Kurud e Dhamtari, com valores de índice de 110-113, 113-114, 112-120 e 109, respetivamente. Estas áreas são 76% de terras agrícolas, como mencionado no Quadro 3.5, e as actividades agrícolas tradicionais começaram há muito tempo. A lixiviação de pesticidas das águas superficiais para as águas subterrâneas é óbvia devido à elevada recarga líquida nesta zona (200-250 mm/ano). A cidade de Raipur situa-se no bloco de Dharsiwa e o principal problema que se verifica no rio Kharun é a poluição devida ao despejo de resíduos sólidos municipais na margem do rio Kharun, o que faz com que o rio fique poluído de forma dinâmica e estática. A área é suavemente ondulada e plana, durante a pré-monção os resíduos sólidos assentam e as águas residuais são lixiviadas da superfície para as águas subterrâneas, poluindo a massa de água subterrânea. Na estação das monções, os resíduos sólidos fluem com o rio e recarregam os poluentes nas águas subterrâneas. Berla, Durg e a maior parte do bloco de Gurur têm valores de índice DRASTIC baixos e moderados. O bloco Balod da área de estudo apresenta um índice de vulnerabilidade elevado, que varia entre 109 e 129, devido à elevada recarga de água subterrânea na zona através do reservatório de Tandula e do lençol freático pouco profundo. Algumas partes de Gundardehi, Dhamdha e Arang têm um índice de vulnerabilidade elevado de 113, 111-117 e 104-109, respetivamente. Este elevado índice de vulnerabilidade é atribuído à presença de massas de água pouco profundas e ao elevado rendimento do aquífero. A restante área (74,78%) situa-se na zona moderada devido ao facto de a região ser constituída por terrenos agrícolas e de o modelo DRASTIC ser dominante nessa região. O resultado (mapa do índice de vulnerabilidade DRASTIC) é validado utilizando a concentração de nitratos.

5.3 Validação do modelo com amostras de nitratos

Uma validação do método DRASTIC é vital, uma vez que se trata de um modelo empírico; assim, foram aplicadas concentrações de nitrato para validar os resultados do modelo DRASTIC. O nitrato não se encontra naturalmente nas águas subterrâneas, mas entra normalmente através da superfície. 76,71% da área da sub-bacia de Kharun pertence a actividades agrícolas (Tabela 3.5), onde os pesticidas e os fertilizantes são normalmente utilizados para aumentar a produção agrícola. Por conseguinte, a concentração de nitratos foi adoptada como indicador do índice de vulnerabilidade para reflectir a situação real na área de estudo. A correlação entre o índice DRASTIC e as concentrações de nitrato nas águas subterrâneas foi investigada para verificar a eficiência da utilização desta abordagem para avaliar a vulnerabilidade das águas subterrâneas. Foram recolhidas amostras de água subterrânea em 47 poços escavados e a concentração de nitratos foi medida. A primeira amostra de nitrato foi obtida em 2010 e a segunda amostra de nitrato foi obtida em 2012 (Anexo 1) para determinar a correlação entre o índice DRASTIC e a atividade agrícola. A localização exacta de cada poço foi determinada utilizando técnicas de sistema de posicionamento global no sistema de projeção WGS94 e posteriormente convertida em projeção UTM para a geração de ficheiros de imagens raster. A distribuição espacial da concentração de nitratos nas águas subterrâneas foi criada utilizando o método de interpolação IDW.

Com base nesta análise, a concentração de nitratos pode ser correlacionada com os resultados do DRASTIC de duas formas:

i) A observação visual da amostra de nitratos (2012), que se baseia no mapa do índice DRASTIC (Fig. 5.8), mostra que a concentração elevada de nitratos se situa nas zonas de potencial de poluição das águas subterrâneas "muito elevado" e "zona elevada", que têm uma boa correlação com o índice DRASTIC.

ii) Em segundo lugar, foram obtidas 47 amostras de nitrato com localizações de poços do ano para investigar a correlação entre o índice DRASTIC e as amostras de nitrato. Das 47 localizações de amostras, apenas 40 amostras foram utilizadas para efetuar o processo de validação e 6 localizações de amostras *não têm dados* do índice DRASTIC porque não se encontram na área de estudo (limites da bacia). O mapa de amostras de nitratos foi sobreposto ao mapa DRASTIC (Fig. 5.8) e a operação *Extracted values to points* no ArcGIS foi utilizada para extrair espacialmente os dados de uma camada para outra. Nesta operação, os valores de índice resultantes foram extraídos do ficheiro de atributos do DRASTIC e unidos ao ficheiro de atributos do mapa de amostras de nitratos com base na relação espacial entre as caraterísticas dos dois mapas.

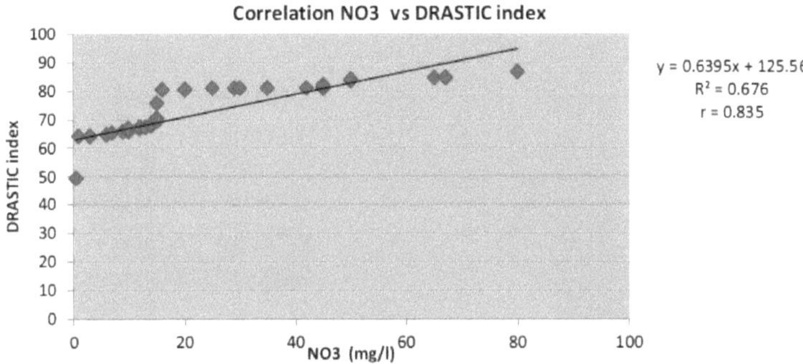

Fig. 5.7 Relação entre o índice de vulnerabilidade DRASTIC e a concentração de nitratos nas águas subterrâneas

A correlação é uma técnica para investigar a relação entre duas variáveis quantitativas e contínuas. O coeficiente de correlação linear mede a força e a direção de uma relação linear entre duas variáveis. A correlação entre os valores DRASTIC e as concentrações de nitratos foi calculada com base no fator de correlação de Pearson. O coeficiente de correlação linear "r" é de 0,84, como mostra a Figura 14. Os coeficientes de correlação e o valor p de Pearson <0,001 ilustram que existe uma correlação significativa entre os parâmetros acima referidos, o que garante a validade dos métodos.

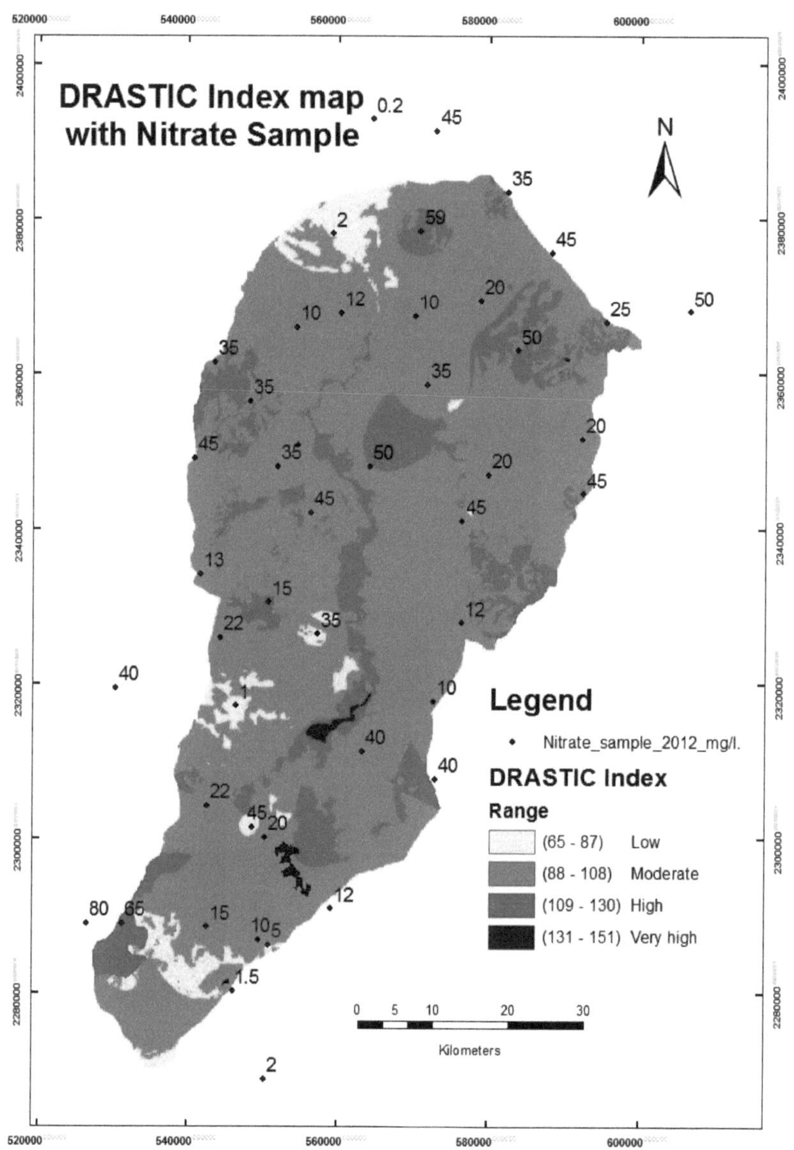

Fig. 5.8: Mapa do índice DRASTIC com amostra de nitrato

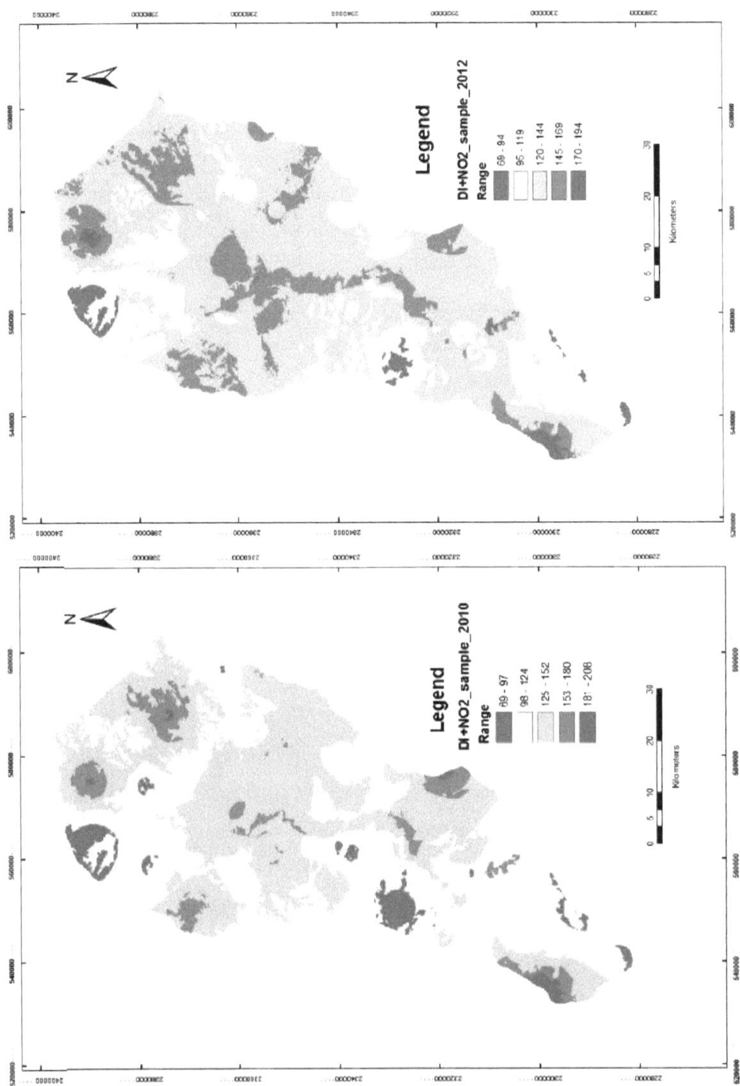

Fig. 5.9: Distribuição espacial da tendência crescente das concentrações de nitratos na área de estudo.

CAPÍTULO 5

A sub-bacia do Kharun está localizada numa região semi-árida. Como as águas subterrâneas são uma fonte muito importante de abastecimento doméstico, a avaliação da qualidade das águas subterrâneas é crucial. As crescentes taxas de bombagem da área do lençol freático são responsáveis pela vulnerabilidade das águas subterrâneas na área. Por conseguinte, foi efectuado um estudo para avaliar a vulnerabilidade das águas subterrâneas da sub-bacia de Kharun utilizando o modelo DRASTIC num ambiente SIG. Foram utilizados sete parâmetros para representar as condições hidrogeológicas naturais da área de estudo, ou seja, a profundidade do lençol freático, a recarga líquida, o meio aquífero, o meio do solo, a topografia, o impacto da zona vadosa e a condutividade hidráulica. O índice de vulnerabilidade DRASTIC varia entre 65 e 151. Com base no valor deste índice, a área de estudo é classificada em quatro classes: baixa, moderada, alta e muito alta. Os resultados deste estudo mostram que 24,5 km2 (0,51%) da área de estudo têm um potencial de poluição muito elevado, 697 km2 (16,61%) têm um potencial de poluição elevado, 3128 km2 (74,78%) têm um potencial de poluição moderado e os restantes 342 km2 (8,10%) da área de estudo não têm risco de poluição das águas subterrâneas. Para além disso, a maior parte da área é constituída por terrenos agrícolas onde os pesticidas e os fertilizantes são habitualmente utilizados. Assim, as concentrações de nitratos nas águas subterrâneas devem-se principalmente à lixiviação de nitratos das camadas superficiais do solo para as águas subterrâneas. Tendo em conta as considerações acima mencionadas, o nitrato está bem correlacionado com os mapas de vulnerabilidade DRASTIC para validação do modelo. A aplicação e validação do modelo DRASTIC na sub-bacia do Kharun permite uma avaliação satisfatória da vulnerabilidade das águas subterrâneas à contaminação. De acordo com as zonas críticas identificadas no presente estudo, este modelo pode ser convenientemente utilizado pelos decisores da WRED para o planeamento da gestão científica da qualidade dos recursos hídricos subterrâneos e da fonte de poluição. Além disso, fornece uma base sólida para o planeamento das práticas de utilização dos solos.

Agradecimentos

A conclusão deste livro foi possível com o apoio de várias pessoas. Em primeiro lugar, gostaria de exprimir a minha grande dívida para com o meu respeitado filósofo e mentor de investigação, Dr. (Prof.) M. K. Verma, Professor, Departamento de Engenharia Civil, NIT Raipur, pela sua valiosa orientação e encorajamento constante que recebi ao longo do trabalho de investigação. Gostaria de exprimir a minha gratidão a Ishtiyaq Ahmad, Professor Assistente, Departamento de Engenharia Civil, NIT Raipur, pelo seu encorajamento constante e apoio inestimável ao longo do curso de estudo e por me ter fornecido o tópico adequado para trabalhar. Foi uma excelente experiência de aprendizagem trabalhar sob a sua supervisão.

Estou grato ao Dr. R. K. Tripathi, Professor e Diretor do Departamento de Engenharia Civil, NIT Raipur, pelo seu incentivo e apoio durante o trabalho de tese.

Os meus sinceros agradecimentos ao Diretor do Instituto Nacional de Tecnologia de Raipur pela disponibilização das instalações institucionais essenciais e, em especial, do Laboratório de Recursos Hídricos durante o trabalho de tese.

Agradeço sinceramente ao Central Ground Water Board, Raipur e ao Survey of India, Raipur, por me terem fornecido os dados valiosos necessários. Agradeço sinceramente ao Sr. A. K. Shukla, Geohidrologista Executivo, Divisional Geo-Hydrology Div. No.8, Raipur, ao Sr. Dilip Kumar Sonkusle, Diretor Adjunto e ao Sr. J. K. Das, Sub Engg., Div. No.4 de Hidrometrologia e ao Departamento de Recursos Hídricos, Raipur, MGB, especialmente ao Sr. R. S. Dutta e ao Sr. P. K. Adil pela sua ajuda durante o curso do estudo.

Desejo expressar os meus sinceros agradecimentos ao Prof. H. M. Hambarde, Diretor-Geral, e ao Sr. M. K. Baig, Diretor de Projeto, bem como ao Sr. Amit Multaniya e à Srta. Stuti Nigam, Chhattisgarh Council of Science & Technology, Raipur, por me terem fornecido dados valiosos e orientação para o trabalho de tese.

Agradeço sinceramente a todos os membros do corpo docente do Departamento de Engenharia Civil, secção de Desenvolvimento de Recursos Hídricos e Engenharia de Irrigação e à Sra. Shalini Choubey, bolseira de investigação de doutoramento, Departamento de Geologia, Instituto Nacional de Tecnologia, Raipur, pela sua valiosa orientação. Estou também muito grato aos meus colegas de grupo, juniores e seniores, pelo seu apoio.

Reconheço o apoio moral e as bênçãos sempre crescentes dos meus pais, o Sr. T. R. Sinha e a Sra. Vinita Sinha, que estiveram ao meu lado para realizar o estudo e me ajudaram em todas as etapas da vida, o que acabou por levar a concluir o estudo com êxito.

Por último, mas não menos importante, gostaria de agradecer a todos os que colaboraram e ajudaram, direta ou indiretamente, durante o curso do estudo.

Manish Kumar Sinha

REFERÊNCIAS

[1] Al-Adamat R.A.N., Foster I.D.L., and Baban S.M.J. (2003) "Groundwater vulnerability and risk mapping for the Basaltic aquifer of the Azraq basin of Jordan using GIS, Remote sensing and DRASTIC", Applied Geography, 23:303-324, DOI:10.1016/j.ap.geog.2003.08.007.

[2] Aller L, Bennet T, Leher JH, Petty RJ, Hackett G, (1987) "DRASTIC: Um sistema normalizado para avaliar o potencial de poluição das águas subterrâneas utilizando cenários hidrogeológicos" EPA 600/2-87-035; 1987. 622.

[3] Babiker I.S., Mohamed AAM, Terao H, Kato K, Ohta K. (2004) "Assessment of groundwater contamination by nitrate leaching from intensive vegetable cultivation using GIS" Environ Int 2004;29:1009-1017, DOI: 10.1016/S0160-4120(03)00095-3.

[4] CGWB (2009), "Status report on review of ground water resources estimation methodology" Nova Deli, Índia.

[5] De Paz J. M. e Ramos C. (2002) "Linkage of a geographical information system with the GLEAMS model to assess nitrate leaching in agricultural areas", Environmental Pollution 118:249-258, PII: S0269-7491(01)00317-7.

[6] Dixon B. (2005) "Groundwater vulnerability mapping: A GIS and fuzzy rule based integrated tool" Applied Geography, 25:327-347, D0I:10.1016/j.apgeog.2005.07.002.

[7] ESRI (Environmental Systems Research Institute), (1999) "Getting to Know ArcView GIS, Extending ArcView GIS: with Network Analyst, Spatial Analyst and 3D Analyst".

[8] Foster, S., Hirata, R., Gomes, D., D'Elia, M., Paris, M., (2002) "Groundwater Quality Protection" The World Bank Washington, D.C. 25071, ISBN: 0.8213-4951-1.

[9] Jamrah, A., AL-Futaisi, A., Rajmohan, N. & AL-Yaroubi, S. (2008) "Assessment of GW vulnerability in the coastal region of Oman using DRASTIC index method in GIS environment" Environmental monitoring and assessment, 147, 125-138, DOI: 10.1007/s10661 -007-0104-6.

[10] Liggett J.E., e Talwar, S., (2009) "Groundwater Vulnerability Assessments And Integrated Water Resource Management" Streamline Watershed Management, Vol. 13/no.1 Bulletin Fall 2009, artigo 4, 18-29.

[11] Lowe, M., and Butler, M. (2003) "Ground water sensitivity and vulnerability to pesticides, Heber and Round Valleys, Wasatch County, Utah" Miscellaneous Publication 03-5, Utah Geological Survey, ISBN:1-55791-695-0.

[12] Margat J. (1968) "Vulnerabilite des nappes d'eau souterraine a la pollution [Vulnerabilidade das águas subterrâneas à contaminação]" Bases de al cartogra-phie, (Doc.) 68 SGC 198 HYD, BRGM, Orleães, França.

[13] Mitra, D. (2005) "Coastal Hazard and Risk Analysis in The Gulf off Cambay, India, using Remote Sensing Data and GIS Technique" Tese de doutoramento, Universidade de Burdwan, Bengala Ocidental.

[14] National Research Council (1993) "Groundwater vulnerability assessment: predicting relative contamination potential under conditions of uncertainty". Comité para a avaliação da vulnerabilidade das águas subterrâneas. National Academy Press, Washington, D.C.

[15] NIUA (2005), "Status of water supply, sanitation and solid waste management in urban areas", New Delhi,URL: http://urbanindia.nic.in/moud/whafsnew/main.htm.

[16] P. Balakrishnan (2011) "Groundwater quality mapping using GIS: Um estudo de caso da cidade de Gulbarga, Karnataka, Índia" African Journal of Environmental Science and Technology Vol. 5(12), pp. 1069-1084, dezembro de 2011. DOI: 10.5897/AJEST11.134; ISSN 1996-0786 ©2011 Academic Journals.

[17] P.Jaya Rami Reddy, (2011) "A Text Book Of Hydrology", ISBN: 978-93-80856-04-9, Lakshmi Publications.

[18] Rahman A (2008) "A GIS based DRASTIC model for assessing groundwater vulnerability in shallow aquifer in Aligarh, India" Appl Geogr 28(2008): 32-53, D0I:10.1016/j.apgeog.2007.07.008.

[19] Rao, Y.S., Reddy, T.V.K., Nayudu, P.T., (1997). "Groundwater quality in the Niva River basin, Chittoor district, Andhra Pradesh, India" Environmental Geology 32 (1), 56-63.

[20]   Rashid Umar e Izrar Ahmed (2009) "Groundwater flow modelling of Yamuna Krishni interstream, a part of central Ganga Plain, Uttar Pradesh." Jour. of Earth System Science. V.118. No.5, pp. 507-523.

[21]   Rupert, M.G. (2001) "Calibration of the DRASTIC groundwater vulnerability mapping method" Ground Water Vol39, No. 4: 625-630.

[22]   Saro L (2003) Avaliação do local de eliminação de resíduos utilizando o sistema DRASTIC no Sul da Coreia. Environ Geol 44:654-664, DOI:10.1007/s00254-003-0803-4.

[23]   Secunda, S., Collin, M.L. e Melloul, A.J. (1998) "Groundwater vulnerability assessment using a composite model combining DRASTIC with extensive agricultural land use in Israel's Sharon Region" JoEF, 54: 39-57.

[24]   Thapinta, A. e Hudak, P.F. (2003) "Use of geographic information systems for assessing groundwater pollution potential by pesticides in Central Thailand", Environment International, 29(1):87- 93, PII: S0160-4120(02)00149-6.

[25]   Fórum de Gestão da Água (2003). "Inter-basin transfer of water in India -Prospects and problems" (Transferência de água entre bacias na Índia - Perspectivas e problemas). Nova Deli: Institution of Engineers.

Anexo I

Dados utilizados para a geração de camadas do parâmetro DRASTIC

S.N.	Tipo de dados	Descrição	Fonte
1.	Toposheets (Preparação de mapas de base)	[64G6, 64G7, 64G8, 64G10, 64G11, 64G12, 64G14, 64G15, 64G16 & 64H5, 64H6, 64H7, 64H10] 13 Toposheets na escala 1:50.000	Inquérito da Índia, Raipur.
2.	Dados do poço (lençol freático)	7 anos a partir de (2006-2012)	Departamento de Recursos Hídricos, Geo-Hidrometrologia DIV n.º 8, Raipur.
3.	Dados de recarga	Média de 7 anos (com base no método da flutuação do nível da água)	Central Ground Water Board, Raipur.
4.	Dados do aquífero	(Mapa de recursos distritais-2005) e dados de ensaios de bombagem	Central Ground Water Board, Raipur.
5.	Mapa do solo	(District Planning Map Series-2003) Escala 1:2,50,000	Conselho de Ciência e Tecnologia de Chhattisgarh, Raipur.
6.	DEM	90m. Resolução	http://srtm.csi.cgiar.org SRTM (Shuttle Radar Topographic Mission)
7.	Imagens de satélite	Imagens LISS IH (4 bandas)	Conselho de Ciência e Tecnologia de Chhattisgarh, Raipur.
8.	Dados sobre a qualidade da água	(2010-2012)	Conselho de Ciência e Tecnologia de Chhattisgarh, Raipur.

Anexo II

Informações sobre o poço e dados sobre o lençol freático

S_Não	Bem, não	Tipo de poço	Latitude	Longitude	Topo_Não	Distrito	Tahsil	Elevação	Nível da água
1	DMT-OOl-OW	Poço escavado	814150	205730	64H09	DHAMTARI	KURUD	312.6	2.84
2	DMT-002-OW	Poço escavado	814200	205205	64H09	DHAMTARI	KURUD	315.8	1.17
3	DMT-004-OW	Poço escavado	813625	205410	64H09	DHAMTARI	KURUD	304.1	4.44
4	DRG-015-OW	Poço escavado	813453	212446	64G11	DURG	BERLA	272.6	3.41
5	DRG-032-OW	Poço escavado	811515	204200	64H06	DURG	BALOD	334.7	4.70
6	DRG-033-OW	Poço escavado	812430	204145	64H06	DURG	GURUR	334.9	2.75
7	DRG-034-OW	Poço escavado	812430	205015	64H05	DURG	GURUR	309.0	3.07
8	DRG-035-OW	Poço escavado	812915	204030	64H06	DURG	GURUR	319.6	3.67
9	DRG-036-OW(A)	Poço escavado	812800	204845	64H05	DURG	GURUR	305.1	7.03
10	DRG-044-OW(A)	Poço escavado	811730	205830	64H05	DURG	GUNDERDEHI	300.9	1.19
11	DRG-045-OW(A)	Poço escavado	813300	210215	64G12	DURG	PATAN	297.0	5.33
12	DRG-046-OW(A)	Poço escavado	813230	211045	64G12	DURG	PATAN	289.4	2.22
13	DRG-047-OW(A)	Poço escavado	812530	210200	64G08	DURG	PATAN	318.8	4.13
14	DRG-048-OW(A)	Poço escavado	812400	210630	64G08	DURG	PATAN	313.2	1.64
15	DRG-052-OW	Poço escavado	813722	213820	64G10	DURG	BEMETARA	264.5	5.15
16	DRG-056-OW(A)	Poço escavado	813908	214308	64G10	DURG	BEMETARA	266.3	8.03
17	DRG-062-OW	Poço escavado	813416	213018	64G10	DURG	BERLA	275.5	5.61
18	DRG-065-OW	Poço escavado	813127	212346	64G11	DURG	BERLA	282.4	4.18
19	DRG-066-OW	Poço escavado	812507	212120	64G07	DURG	DHAMDHA	291.6	2.10
20	DRG-067-OW	Poço escavado	813134	211528	64G12	DURG	DHAMDHA	274.0	3.74
21	DRG-070-OW(A)	Poço escavado	812754	211837	64G07	DURG	DHAMDHA	295.6	2.17
22	DRG-071-OW	Poço escavado	812335	211435	64G07	DURG	DHAMDHA	304.0	2.77

23	DRG-082-OW	Poço escavado	811800	204200	64H06	DURG	GURUR	330.5	2.82
24	DRG-083-OW	Poço escavado	812630	203715	64H06	DURG	GURUR	362.7	3.78
25	DRG-084-OW(A)	Poço escavado	812900	204800	64H05	DURG	GURUR	313.8	3.66
26	DRG-085-OW	Poço escavado	812830	204050	64H06	DURG	GURUR	320.4	2.01
27	DRG-096-OW(A)	Poço escavado	813000	211400	64G12	DURG	PATAN	288.1	3.41
28	DRG-097-OW	Poço escavado	812915	210430	64G08	DURG	PATAN	302.8	1.38
29	DRG-098-OW	Poço escavado	812645	205715	64H05	DURG	PATAN	316.6	6.22
30	RPR-001-OW(A)	Poço escavado	814030	212430	64G11	RAIPUR	DHARSIWA	276.7	5.91
31	RPR-007-OW	Poço escavado	814400	210300	64G12	RAIPUR	ABHANPUR	321.6	4.57
32	DMT-007-OW	Poço escavado	81 29 00	20 32 10	64H06	DHAMTARI	DHAMTARI	354.8	4.63
33	DMT-006-OW	Poço escavado	81 34 00	20 43 00	64H10	DHAMTARI	DHAMTARI	320.0	3.23
34	RPR-002-OW(A)	Poço escavado	81 37 00	21 14 00	64G11	RAIPUR	DHARSIWA	295.3	3.18
35	RPR-003-OW	Poço escavado	81 44 05	21 10 10	64G12	RAIPUR	DHARSIWA	305.8	4.58
36	RPR-004-OW	Poço escavado	81 48 27	21 22 06	64G15	RAIPUR	TILDA	289.6	3.60
37	RPR-005-OW	Poço escavado	81 45 35	21 25 32	64G11	RAIPUR	TILDA	298.0	4.72
38	RPR-006-OW	Poço escavado	81 41 25	21 19 40	64G11	RAIPUR	DHARSIWA	304.2	4.95
39	RPR-008-OW	Poço escavado	81 46 07	21 13 23	64G12	RAIPUR	DHARSIWA	303.7	4.34
40	RPR-009-OW	Poço escavado	81 53 25	21 12 00	64G16	RAIPUR	ARANG	295.0	2.57
41	RPR-Oll-OW	Poço escavado	82 01 40	21 24 45	64G15	RAIPUR	ARANG	288.8	2.64
42	RPR-012-OW	Poço escavado	81 53 20	21 15 50	64G15	RAIPUR	ARANG	290.7	4.51
43	RPR-014-OW	Poço escavado	81 55 15	21 24 00	64G15	RAIPUR	TILDA	301.2	3.25
44	RPR-O15-OW(A)	Poço escavado	81 47 43	21 33 11	64G10	RAIPUR	TILDA	288.9	4.21
45	RPR-016-OW	Poço escavado	81 51 05	21 28 55	64G15	RAIPUR	TILDA	320.2	4.98
46	RPR-017-OW	Poço escavado	81 41 00	21 30 30	64G10	RAIPUR	TILDA	264.5	4.13
47	RPR-018-OW	Poço escavado	81 42 15	21 37 30	64G14	RAIPUR	SIMGA	267.9	6.41

Anexo III

Recarga média anual da sub-bacia de Kharun

SN.	Bloco	Recarga de Monção (mm/dia)	Recarga fora das monções (mm/dia)	Recarga líquida média (mm/ano)
1	Durg	0.43	0.10	96.73
2	Dhamdha	0.55	0.13	124.10
3	Berla	0.61	0.11	131.40
4	Patan	0.60	0.13	133.23
5	Arang	0.67	0.07	135.05
6	Gurur	0.62	0.17	144.18
7	Gunderdehi	0.68	0.11	144.18
8	Tilda	0.76	0.08	153.30
9	Dharsiwa	0.77	0.09	156.95
10	Abhanpur	0.84	0.07	166.08
11	Dhamtari	0.68	0.24	167.90
12	Kurud	0.87	0.13	182.50
13	Balod	1.14	0.23	250.03

Fonte: Central Ground Water Board, Raipur.

Anexo IV

Dados de rendimento do aquífero juntamente com o código da grelha da sub-bacia de Kharun

ID	CÓDIGO DA GRELHA	RENDIMENTO	Área (km2)	Perímetro (m.)	ID	CÓDIGO DA GRELHA	RENDIMENTO	Área (km2)	Perímetro (m.)
1	1	200-400 LPM	0.01	400.00	73	5	10-50 LPM	2.31	7656.97
2	3	50-100 LPM	0.05	1021.63	74	3	50-100 LPM	2.86	12051.33
3	1	200-400 LPM	0.01	377.29	75	2	100-200 LPM	0.09	1526.78
4	3	50-100 LPM	0.01	400.00	76	3	50-100 LPM	1.49	5635.65
5	3	50-100 LPM	0.01	400.00	77	2	100-200 LPM	7.03	31168.32
6	3	50-100 LPM	0.01	400.00	78	2	100-200 LPM	63.11	121924.54
7	3	50-100 LPM	13.16	30129.93	79	2	100-200 LPM	0.01	377.29
8	3	50-100 LPM	0.09	1323.37	80	2	100-200 LPM	0.01	565.89
9	2	100-200 LPM	4.35	13964.74	81	3	50-100 LPM	6.28	24094.59
10	5	10-50 LPM	0.01	400.00	82	3	50-100 LPM	0.10	1461.75
11	5	10-50 LPM	0.56	4644.07	83	2	100-200 LPM	127.56	268070.28
12	3	50-100 LPM	1.86	7198.14	84	2	100-200 LPM	0.01	400.00
13	3	50-100 LPM	0.24	1893.53	85	2	100-200 LPM	0.01	374.98
14	5	10-50 LPM	0.51	3792.67	86	3	50-100 LPM	0.01	400.00
15	3	50-100 LPM	0.01	400.00	87	2	100-200 LPM	0.01	377.29
16	1	200-400 LPM	0.01	400.00	88	2	100-200 LPM	2.56	9398.99
17	2	100-200 LPM	34.79	64254.74	89	5	10-50 LPM	0.01	377.29
18	1	200-400 LPM	0.01	377.29	90	3	50-100 LPM	0.01	377.29
19	1	200-400 LPM	0.28	2793.09	91	2	100-200 LPM	0.95	3991.58
20	3	50-100 LPM	0.01	400.00	92	5	10-50 LPM	0.53	4060.87
21	4	25-50 LPM	0.75	3829.23	93	5	10-50 LPM	0.93	6210.69
22	4	25-50 LPM	3.54	10844.99	94	3	50-100 LPM	613.26	652383.08
23	2	100-200 LPM	9.00	19416.22	95	3	50-100 LPM	2.08	6482.64
24	3	50-100 LPM	0.01	400.00	96	5	10-50 LPM	0.01	377.29
25	1	200-400 LPM	2.97	17170.07	97	3	50-100 LPM	0.01	567.37
26	1	200-400 LPM	0.01	377.29	98	3	50-100 LPM	0.01	377.29
27	2	100-200 LPM	0.01	377.29	99	3	50-100 LPM	6.17	14204.10
28	1	200-400 LPM	0.03	876.69	100	5	10-50 LPM	1.02	4373.94
29	3	50-100 LPM	110.51	191636.93	101	3	50-100 LPM	422.36	777167.32
30	3	50-100 LPM	0.01	377.29	102	5	10-50 LPM	1.66	5088.32
31	3	50-100 LPM	0.04	1023.77	103	5	10-50 LPM	15.23	31840.78
32	1	200-400 LPM	0.03	901.78	104	5	10-50 LPM	3.55	12011.01
33	1	200-400 LPM	0.01	377.29	105	5	10-50 LPM	2.52	9886.20
34	1	200-400 LPM	0.01	400.00	106	3	50-100 LPM	8.22	20808.22

35	3	50-100 LPM	0.01	400.00	107	3	50-100 LPM	3.03	12342.38
36	3	50-100 LPM	0.75	4465.15	108	3	50-100 LPM	1.63	5571.77
37	3	50-100 LPM	0.03	697.68	109	5	10-50 LPM	2.99	8070.54
38	2	100-200 LPM	0.01	377.29	110	2	100-200 LPM	355.19	636084.01
39	3	50-100 LPM	0.67	3997.30	111	5	10-50 LPM	183.58	96359.81
40	1	200-400 LPM	0.01	400.00	112	2	100-200 LPM	0.01	377.29
41	2	100-200 LPM	0.48	3708.61	113	1	200-400 LPM	698.88	1079920.20
42	2	100-200 LPM	0.26	2027.05	114	2	100-200 LPM	11.23	21085.01
43	5	10-50 LPM	0.24	2639.38	115	3	50-100 LPM	4.25	11082.71
44	2	100-200 LPM	39.14	67076.94	116	3	50-100 LPM	13.72	21576.21
45	3	50-100 LPM	197.72	387114.74	117	2	100-200 LPM	4.46	10421.89
46	2	100-200 LPM	1.15	7193.00	118	3	50-100 LPM	113.18	109190.04
47	1	200-400 LPM	0.05	1020.61	119	6	400-800 LPM	10.37	31714.73
48	2	100-200 LPM	0.01	377.29	120	3	50-100 LPM	0.01	377.29
49	2	100-200 LPM	22.94	62986.78	121	2	100-200 LPM	347.15	247478.86
50	2	100-200 LPM	2.20	6406.13	122	5	10-50 LPM	0.01	576.00
51	2	100-200 LPM	11.54	37884.92	123	5	10-50 LPM	0.04	872.45
52	3	50-100 LPM	13.58	48166.08	124	5	10-50 LPM	0.02	600.00
53	3	50-100 LPM	1.90	9878.81	125	5	10-50 LPM	0.01	400.00
54	5	10-50 LPM	0.01	374.98	126	5	10-50 LPM	0.04	872.45
55	3	50-100 LPM	0.01	377.29	127	5	10-50 LPM	2.20	6966.81
56	5	10-50 LPM	0.96	5861.38	128	3	50-100 LPM	1.11	5785.25
57	2	100-200 LPM	1.21	7152.48	129	3	50-100 LPM	102.89	151165.48
58	2	100-200 LPM	0.01	377.29	130	3	50-100 LPM	3.57	14281.53
59	2	100-200 LPM	0.07	1052.65	131	3	50-100 LPM	10.77	32835.66
60	2	100-200 LPM	0.01	400.00	132	6	400-800 LPM	0.60	3721.59
61	3	50-100 LPM	3.30	15798.94	133	2	100-200 LPM	13.28	21539.95
62	2	100-200 LPM	85.41	202599.52	134	2	100-200 LPM	0.01	400.00
63	3	50-100 LPM	0.01	377.29	135	4	25-50 LPM	7.33	27774.36
64	3	50-100 LPM	0.30	2295.87	136	7	<10 LPM	0.01	377.29
65	2	100-200 LPM	216.53	165810.60	137	5	10-50 LPM	0.01	400.00
66	3	50-100 LPM	10.05	25437.86	138	7	<10 LPM	2.17	13577.49
67	3	50-100 LPM	0.02	706.40	139	7	<10 LPM	0.33	2479.51
68	2	100-200 LPM	0.14	2162.01	140	7	<10 LPM	0.74	4237.75
69	2	100-200 LPM	0.07	1136.50	141	7	<10 LPM	0.73	5710.79
70	2	100-200 LPM	0.01	377.29	142	3	50-100 LPM	0.01	377.29
71	2	100-200 LPM	0.05	1223.99	143	3	50-100 LPM	2.17	6709.90
72	3	50-100 LPM	1.45	4875.76	144	5	10-50 LPM	202.48	225662.47

Anexo V

SISTEMA DE CLASSIFICAÇÃO AGRÍCOLA DOS SOLOS

Limites de gradação do grupo textural do solo*

(* O conceito básico para esta classificação textural é do US Bureau of Chemistry and Soil)

Em primeiro lugar, classifica-se o solo no grupo textural I, II ou III, de acordo com o teor de argila (col. 7); em seguida, de acordo com o teor de silte (col. 6) ou com a combinação dos teores de silte e argila (col. 5); e, por último, com o teor de areia e de gravilha (col. 1-4 inclusive). Quando o teor de argila se aproxima do limite superior desse grupo, o solo é designado por "Pesado", como, por exemplo, "Argila argilosa pesada", e por "Leve" quando se aproxima do limite inferior de argila.

Textura do solo	(1) Cascalho fino e grosseiro, em percentagem	(2) Areia grossa e cascalho, em percentagem	(3) Areia e cascalho, em percentagem	(4) Areia fina, em percentagem	(5) Silte e argila, em percentagem	(6) Silte, em percentagem	(7) Argila, percentagem
Grupo IA: Areia e cascalho							
Cascalho	85-100	-	-	-	0-15	-	0-20
Cascalho e areia	50-85	-	-	-	0-15	-	0-20
Areia e cascalho	20-50	-	-	-	0-15	-	0-20
Areia grossa	0-25	50-100	-	-	0-15	-	0-20
Areia	0-25	0-50	-	0-50	0-15	-	0-20
Areia fina	0-25	-	-	50-100	0-15	-	0-20
Grupo IB: Areias argilosas							
Areia grossa, argilosa e com cascalho	25-85	50-85	-	-	15-20	-	0-20
Areia argilosa, com cascalho	25-50	25-50	-	0-50	15-20	-	0-20
Areia fina, argilosa e com cascalho	25-35	-	-	50-60	15-20	-	0-20
Areia argilosa e grossa	0-25	50-80	-	-	15-20	-	0-20
Areia argilosa	0-25	0-50	-	0-50	15-20	-	0-20
Areia fina, argilosa	0-25	-	-	50-85	15-20	-	0-20
Grupo IC: Lamas arenosas							
Franco-arenoso, grosseiro, com cascalho	25-85	30-80	-	-	20-50	-	0-20
Barro arenoso com cascalho	25-50	25-50	-	0-50	20-50	-	0-20
Franco-arenoso, fino e cascalhento	25-30	-	-	50-55	20-50	-	0-20
Franco-arenoso grosseiro	0-25	50-80	-	-	20-50	-	0-20
Franco-arenoso	0-25	0-50	-	0-50	20-50	-	0-20

Franco-arenoso fino	0-25	-	-	50-80	20-50	-	0-20
ID do grupo: Lamas e margas siltosas							
Barro cascalhento	25-50	-	-	-	50-70	30-50	0-20
Barro siltoso, com cascalho	25-50	-	-	-	50-100	50-80	0-20
Argila	0-25	-	-	-	50-70	30-50	0-20
Argila siltosa	0-25	-	-	-	50-100	50-80	0-20
Silte	0-25	-	-	-	50-100	80-100	0-20
Grupo II: Barras argilosas							
Barro cascalhento, arenoso e argiloso	25-80	-	50-80	-	-	-	20-30
Barro argiloso, com cascalho	50-50	-	25-50	-	-	20-50	20-30
Cascalho, silte, franco-argiloso	25-30	-	0-30	-	-	50-55	20-30
Franco-arenoso, argiloso	0-25	-	50-80	-	-	0-30	20-30
Barro argiloso	0-25	-	20-50	-	-	20-50	20-30
Silte, franco-argiloso	0-25	-	0-30	-	-	50-80	20-30
Grupo III: Argilas							
Argila arenosa com cascalho	25-70	-	50-70	-	-	-	30-100
Argila com cascalho	25-50	-	25-50	-	-	0-45	30-100
Argila arenosa	0-25	-	50-70	-	-	0-20	30-100
Argila siltosa	0-25	-	0-20	-	-	50-70	30-100
Argila	0-25	-	0-50	-	-	0-20	30-100

Anexo-VI

Classificação dos solos da sub-bacia de Kharun

ID DO SOLO	P MATERIAL	S_S_TEXTUR	SST_CLAY	SST_SAND	SST_SILT	PROFUNDIDADE DO SOLO	PROFUNDIDADE (cm.)	ÁREA
1	BASALTO (SOLOS ARGILOSOS VERMELHOS)	ARGILA (BARRO)	50	30	20	PROFUNDIDADE	50-100	337.71
2	SOLOS DE ARENITO/LATERITE	FRANCO-ARGILO-ARENOSO	20	70	10	PROFUNDIDADE	50-100	0.08
3	BASALTO (SOLOS RESIDUAIS)	SOLOS NEGROS ARGILOSOS	50	30	20	PROFUNDIDADE	50-100	2395.29
4	SOLOS DE ARENITO/LATERITE	FRANCO-ARGILO-ARENOSO	20	70	10	PROFUNDIDADE	50-100	104.94
5	SOLOS DE ARENITO/LATERITE	FRANCO-ARGILO-ARENOSO	20	70	10	PROFUNDIDADE	50-100	10.23
6	SOLOS DE ARENITO/LATERITE	FRANCO-ARGILO-ARENOSO	20	70	10	PROFUNDIDADE	50-100	458.94
7	SOLOS DE ARENITO/LATERITE	FRANCO-ARGILO-ARENOSO	20	70	10	PROFUNDIDADE	50-100	140.56
8	SOLOS DE ARENITO/LATERITE	FRANCO-ARGILO-ARENOSO	20	70	10	PROFUNDIDADE	50-100	72.12
9	BASALTO (SOLOS ARGILOSOS VERMELHOS)	ARGILA (BARRO)	50	30	20	PROFUNDIDADE	50-100	446.67
10	SOLOS DE ARENITO/LATERITE	FRANCO-ARGILO-ARENOSO	20	70	10	PROFUNDIDADE	50-100	111.94
11	ALUVIÕES/SOLOS RESIDUAIS	SANDY LOAM	10	80	10	MODERADAMENTE PROFUNDO A PROFUNDO	50-100	103.23
12	GRENITE (SOLOS ARGILOSOS VERMELHOS)	ARGILA (BARRO)	50	30	20	MODERADAMENTE PROFUNDO	25-50	9.60

Anexo-VII

Geologia da sub-bacia de Kharun

ID	ROCKGR	LITHUNIT	ÁREA (km2)	PERÍMETRO (m.)
1	Sedimentos não consolidados	Aluvião	101.76	207785.1121
2	Sedimentos consolidados	Arenito	511.562612	403792.4608
3	Complexo Gneiss-Granitoide	Granitos	12823.94	8450298.64
4	Revestimentos residuais	Laterite	142.10	1088582.879
5	Sedimentos consolidados	Calcário e dolomite	7774.316891	3733613.87
6	Sedimentos consolidados	Arenito	11.19	58757.79
7	Sedimentos consolidados	Xisto	3931.13	1773797.26
8	Sedimentos consolidados	Xisto com calcário/dolomite	1121.36	661169.93

Printed by Books on Demand GmbH, Norderstedt / Germany